高等职业教育校企合作系列教材·大数据技术与应用专业

U0183906

# 大数据可视化应用开发

主　编　刘文军　胡　霞　宋学永
副主编　朱　东　伊雯雯　芮文艳

中国铁道出版社有限公司

CHINA RAILWAY PUBLISHING HOUSE CO., LTD.

## 内 容 简 介

万物互联背景下，数据呈现爆炸式增长。当前通过可视化的信息呈现方式提高数据效益、提高洞察力成为行业关注的焦点。本书以"新能源汽车大数据可视化监测平台"项目为载体，以丰富的可视化和交互式图表作为信息表现方式，旨在通过 Web 可视化设计方法以及主流前端框架、工具的综合运用，使学生快速提高 Web 前端开发技术水平，实现培养优秀的 Web 前端工程师目的。

本书共分 7 个单元。内容包括：Web 数据可视化概述、新能源汽车大数据可视化监测平台、Web 基础、前端框架、数据可视化设计基础、数据可视化整合、新能源汽车数据大屏。

本书涵盖多学科知识，综合性强；以实际项目为载体，化繁为简，循序渐进，弥补了学校教学缺乏实战的弊端，是 Web 可视化技术的优佳图书。

本书适合作为高职高专计算机专业、大数据相关专业课程的教学用书，也可供从事数据可视化、数据分析、前端设计的技术人员参考阅读。

**图书在版编目（CIP）数据**

大数据可视化应用开发/刘文军，胡霞，宋学永主编. —北京：
中国铁道出版社有限公司，2020.7（2024.1重印）
高等职业教育校企合作系列教材. 大数据技术与应用专业
ISBN 978-7-113-26979-1

Ⅰ.①大… Ⅱ.①刘… ②胡… ③宋… Ⅲ.①数据处理-高等
职业教育-教材 Ⅳ.①TP274

中国版本图书馆CIP数据核字（2020）第104633号

| | |
|---|---|
| 书　　名 | 大数据可视化应用开发 |
| 作　　者 | 刘文军　胡　霞　宋学永 |

| | | |
|---|---|---|
| 策　　划 | 翟玉峰 | 编辑部电话：（010）51873135 |
| 责任编辑 | 翟玉峰　徐盼欣 | |
| 封面设计 | 郑春鹏 | |
| 责任校对 | 张玉华 | |
| 责任印制 | 樊启鹏 | |

| | |
|---|---|
| 出版发行 | 中国铁道出版社有限公司（100054，北京市西城区右安门西街8号） |
| 网　　址 | http://www.tdpress.com/51eds/ |
| 印　　刷 | 北京铭成印刷有限公司 |
| 版　　次 | 2020 年 7 月第 1 版　2024 年 1 月第 4 次印刷 |
| 开　　本 | 787 mm×1 092 mm 1/16　印张：13　字数：303 千 |
| 书　　号 | ISBN 978-7-113-26979-1 |
| 定　　价 | 39.80 元 |

# 前言 Foreword

随着云计算、大数据技术的飞速发展，传统行业利用大数据分析技术挖掘数据效益的潜能得到空前释放。数据效益的呈现并不会自动产生，选择交互式的、直观丰富的基于 Web 的视觉呈现方式成为一种主流选择。

本书的编者长期工作于企业项目开发与实践的一线，迫切感受到学校教育和工程实践之间的鸿沟。一方面，IT 企业竞争不断加剧，企业招聘不到心仪的 Web 前端开发员工；另一方面，高校培养的学生就业面临诸多现实困难，难以找到专业对口的工作。编写本书的初衷是将 IT 企业开发中的采用主流前沿技术开发的项目案例转化为人才培养的素材，培养符合经济社会发展需要的适配人才，使他们顺利投身产业并推动产业的进步与发展。

**本书具有如下特点：**

**（1）选用企业主流开发技术，突出前沿性**

本书选择 Web 开发中的主流技术，突出软件开发中的分层思想，将主流的前端开发框架 Vue.js 与 ECharts 为代表的可视化工具进行有机融合，快速构建基于 Web 的前端初始化应用。此外，本书引入 D3 和前端框架的组合模式，为开发者提供了更大的弹性。

**（2）以实际项目为载体，突出实践性**

本书以新能源汽车远程实时监测项目为载体，循序渐进地引导学习者由浅入深掌握 Web 前端开发核心技术，摆脱学习前端基础知识后不能快速深入和从事应用开发的痛点。

**（3）以学生素质培养为目标，突出创新性**

数据可视化是一门技术，更是一门艺术。本书突破单纯的技术教授，将素质、能力的提升蕴含其中，让学习者在潜移默化中得到锻炼和提高。

本书教学内容采用模块化、任务式的编写思路，分 7 个单元 23 个任务。每个单元包含若干任务，通过单元描述引出教学单元的教学核心内容，明确教学目标。每个任务包含任务描述、任务分析、任务实施、同步训练 4 个环节。单元最后设置单元小结和课后练习；单元小结总结单元的重点和难点内容；课后练习针对本单元的任务规划考核所学知识和技能。

本书建议授课 54 学时，教学内容及学时安排如下：

| 单　　元 | 单　元　名　称 | 学　　时 |
|---|---|---|
| 单元 1 | Web 数据可视化概述 | 2 |
| 单元 2 | 新能源汽车大数据可视化监测平台 | 6 |
| 单元 3 | Web 基础 | 6 |
| 单元 4 | 前端框架 | 10 |
| 单元 5 | 数据可视化设计基础 | 12 |
| 单元 6 | 数据可视化整合 | 10 |
| 单元 7 | 新能源汽车数据大屏 | 8 |
| 课　时　总　计 | | 54 |

本书配有配套的资源包、运行脚本、电子教案等，可登录 http://www.1daoyun.com 下载。教材适合作为高职高专计算机专业、大数据相关专业课程的教学用书，也可供从事数据可视化、数据分析、前端设计的技术人员参考阅读。

本书由苏州工业职业技术学院的刘文军、胡霞和南京第五十五所技术开发有限公司的宋学永任主编，由苏州工业职业技术学院的朱东、伊雯雯、芮文艳任副主编，由苏州工业职业技术学院教师团队和江苏一道云科技发展有限公司共同编写完成。具体编写分工如下：单元 1、单元 7 由刘文军编写，单元 2 由朱东编写，单元 3、单元 5 由芮文艳编写，单元 4 由胡霞编写，单元 6 由伊雯雯编写，罗颖从专业人才培养角度对本书的内容提出了建议。江苏一道云科技发展有限公司的工程师和南京第五十五技术开发有限公司的高级工程师宋学永参与了验证和校对工作，苏州海格新能源汽车电控系统科技有限公司的吴新兵总经理对本书的案例进行了指导，在此一并表示感谢！同时，在本书编写过程中，参阅了国内外同行编写的相关著作和各类文献，谨向各位作者致以深深谢意！

由于编者水平有限，疏漏和不足之处在所难免，恳请各位读者给予批评、指正。

编　者
2020 年 4 月

# 目 录 contents

# 单元 1
## Web 数据可视化概述

Web 数据可视化是数据驱动软件开发中的重要一环，在工业生产、智慧城市、风险预警、地理信息分析等基于 Web 的软件开发中具有举足轻重的作用。

本单元从宏观层面介绍 Web 数据可视化的概念、现状、应用案例等方面的内容。本单元的知识导图如图 1–1 所示。

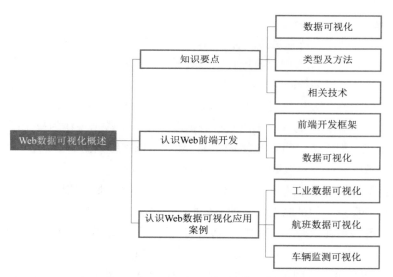

图 1–1　Web 数据可视化概述知识导图

## ■ 单元描述

当前，全球制造业正加快迈向数字化、智能化时代，智能制造成为推动整个制造业价值链的下一个风口。智能制造的基础是企业的数字化。当数字化技术渗透到企业生产链的各个环节时，就能够实时采集生产过程中产生的数据，并对这些收集到的监测数据进行处理、分析。丰富的 Web 数据可视化技术呈现手段，将有利于生产决策者做出更加智慧的决策。

### 1. 知识要求

① 认识 Web 数据可视化。

② 了解 Web 数据可视化的特点与典型应用场景。

### 2. 能力要求

① 在 Web 前端开发基础上进行深入持续学习的能力。

② 基于教材内容自主、拓展学习能力。

### 3. 素质要求

基于科学思维方式审视专业问题的能力。

## ▣ 任务分解

| 任 务 名 称 | 任 务 目 标 | 安 排 课 时 |
|---|---|---|
| 任务 1.1　认识 Web 前端开发 | 认识 Web 前端开发现状、痛点 | 1 |
| 任务 1.2　认识 Web 数据可视化应用案例 | Web 数据可视化典型应用举例 | 1 |
| 总　　计 | | 2 |

## ▣ 知识要点

### 1. 数据可视化

　　一般而言，数据可视化技术是指综合运用计算机图形学和图像处理技术，把相对复杂、抽象的数据通过可视的方式以人们更易理解的形式通过终端展示出来，并进行交互处理的理论、方法和技术。它能够提供多种同时进行数据分析的图形方法，反映信息模式、数据关联或趋势，帮助决策者直观地观察和分析数据，实现人与数据之间直接的信息传递，从而发现隐含在数据中的规律。数据可视化技术的基本思想是将数据库中每一个数据项作为单个图元元素来表示，大量的数据集构成数据图像，同时将数据的各个属性值以多维数据的形式表示，使用户可以从不同的维度观察数据，从而对数据进行更深入的观察和分析。

　　数据可视化是为了更形象地表达数据内在的信息和规律，促进数据信息的传播和应用，其本质是数据空间到图形空间的映射，是抽象数据的具象表达。在当前大数据分析、显示技术等软硬件支持下，数据可视化除了"可视"，还有可交流、可互动等典型特点，主要包括：

　　① 交互性。用户可以方便地以交互的方式呈现和管理数据。

　　② 多维性。用户可以看到表示对象或事件的数据的多个属性或变量，而数据可以按其每一维的值，将其分类、排序、组合和显示。

　　③ 可视性。数据可以用图像、曲线、二维图形、三维图形和动画来显示，并可对其模式和相互关系进行可视化分析和呈现。

### 2. Web 数据可视化类型及方法

　　Web 是当前各种类型业务和数据表现最为广泛、最容易接受的一种方式。统一的网络标准跨各类操作系统（Windows、Mac、Linux 等），不论是通用计算机还是普通微型便携终端设备。基于 Web 的软件形式避免使用各种软件和插件，确保数据信息可以在最广泛的设备中呈现。

　　Web 数据可视化表现形式从技术类别上可以分为如下 3 种：

（1）Canvas

　　Canvas 是 HTML 5 的一种组件，提供了一块画布，可以通过 JavaScript 代码进行像素级操作，绘制出各种类型的图表和动画。

例如，使用 <canvas> 标签定义一个 400×300 像素的矩形框，在这个矩形框内可以绘制相应的图表和动画，代码如下：

```
<canvas id="canvas" width="400" height="300">
</canvas>
```

Canvas 对不同的浏览器具有良好的兼容性支持，甚至有人尝试在移动浏览器上使用 <canvas> 来代替 DOM 展现元素。其中，DOM 是文档对象模型（Document Object Model）的简称，它定义了访问和操作 HTML 文档的标准方法。HTML DOM 树结构如图 1-2 所示。

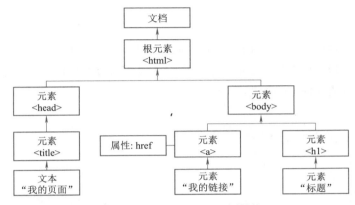

图 1-2　HTML DOM 树结构

基于 Canvas 的方法能实现一些复杂的图形效果，还能够将结果导出为图片或二进制文件。基于该种类型的数据可视化典型商业产品包括百度的 ECharts（https://echarts.baidu.com/）、阿里的 DataV（https://data.aliyun.com/visual/datav）等。本单元后续采用的 ECharts 主要就是用 <canvas> 来实现图表的绘制。

（2）SVG

SVG 是缩放矢量图像（Scalable Vector Graphics）的简称，主要通过相关的各种标签来实现图形的绘制。它相当于用一种 XML（eXtensible Markup Language）把图形描述出来。它和 Canvas 的关系就像是图形和图像、几何和美术、Illustrator 和 Photoshop 的关系。

SVG 的优点包括矢量、缩放后不会失真、能实现复杂的动画、支持事件、支持 CSS 包含 DOM、比较直观、方便调试等。典型产品包括 D3.js（https://d3js.org/）。

（3）WebGL

WebGL（Web Graphics Library）是一项在浏览器中实现 3D 画面的技术。WebGL 是一种 3D 绘图协议，这种绘图技术标准允许把 JavaScript 和 OpenGL ES 结合在一起，通过增加 OpenGL ES 的 JavaScript 绑定，WebGL 可以为 HTML 5 Canvas 提供硬件 3D 加速渲染，以使 Web 开发人员可以借助系统显卡在浏览器中更流畅地展示 3D 场景和模型，并且能创建复杂的导航和数据视觉化。

### 3. Web 数据可视化相关技术

（1）ECharts.js

ECharts 是百度公司的一款免费开源的数据可视化产品，向用户提供直观、生动、可交互和可个性化定制的数据可视化图表，能够快速构建基于 Web 的数据可视化任务。ECharts 具备上手简单、功能强大等典型优点。

（2）Vue.js

Vue 是一套用于构建用户界面的渐进式框架，为目前国内最火热的前端框架之一，其简单快捷、渐进式的设计，对于新手特别友好。与其他典型框架不同的是，Vue 被设计为可以自底向上逐层应用。Vue 的核心库只关注视图层，不仅易于上手，还便于与第三方库或既有项目进行整合。当与现代化的工具链以及各种支持类库结合使用时，Vue 也完全能够为复杂的单页应用提供驱动。

（3）D3.js

D3 是目前 Web 端评价最高的 JavaScript 可视化工具库之一。D3 实例丰富，易于实现调试数据，同时能够通过扩展实现数据可视化效果。D3 可以通过 HTML、SVG 和 CSS 展示数据。与 jQuery 类似，D3 直接对 DOM 进行操作。

## 任务 1.1  认识 Web 前端开发

### 1. 任务描述

随着 IT 企业满足客户对用户体验的追求，Web 前端人员的需求量越来越大，且对效率的要求越来越高。"用户体验"典型地体现为系统的交互性、数据呈现方式、可视化效果等具体要求。

值得说明的是，前端开发的学习并不仅仅强调知识点的掌握、技术的实现，更在于审美能力的积累和提升、细节的把握，以及寻找方案的更优解。即使是最简单的页面布局，也存在层出不穷的优秀解决方案。学生在解决实际问题的过程中，除了借助便捷的工具，选择高效的 Web 开发模式，以实现基本的要求为目标，更应该树立工匠精神，力争精益求精，追求极致的页面效果。

### 2. 任务分析

IT 企业在各种类型的数据驱动项目开发中，为了分工协作提高效率，往往采用前后端分离的开发模式。企业通过选择使用前端框架实现用户界面的快速开发，通过丰富的可视化图表直观展示行业企业的数据效益。以下分别从前端开发框架和数据可视化两方面进行阐述。

（1）前端开发框架

当前，企业在前端开发框架的选择上开始倾向采用 MVVM（Model-View-ViewModel）模式，该模式可以拆分成 View、ViewModel、Model 三部分，如图 1-3 所示。

图 1-3  MVVM 模式

图 1-3 中，左侧的 View 相当于 DOM 内容，对应用户所看到的页面视图。右侧的 Model 相当于数据对象，比如一个年龄为 23 岁、姓名为张三的对象信息可以表示如下：

```
{
    name:"张三",
    age:21,
}
```

而中间的 ViewModel 负责监控两侧的数据，一侧发生变化会相对应地通知另一侧进行修改。例如，在 Model 层中修改 name 的值为"李四"，那么 View 视图层显示的"张三"也会自动变成"李四"，这个过程就是由 ViewModel 来操作的。属于 MVVM 的典型 JS 框架有 Vue.js、React.js 和 Angular.js。更多关于前端框架的内容会在第 4 单元展开。

（2）数据可视化

相对于数据和文字，可视化图表最能直观表达数据的变化规律。例如，用户如果需要展示特定几款电动汽车的销售量，那么可以使用折线图或者柱状图；如果需要展示销售人员的服务水平，那么可以使用雷达图来展示多个服务指标的对比深度；等等。数据可视化相关理论的实践操作将会在第 5 单元给出。

通过 Web 前端基础知识（如 CSS、HTML、JavaScript 等）的运用，学生能够以原生方式一步一步完成这些图表，但是这会带来大量烦琐的工作，在实际企业开发过程中往往并不可取。幸运的是，当前互联网开发者和企业开源了很多免费且优秀成熟的图表库，其中比较典型的产品包括百度的 ECharts、蚂蚁金服的 AntV（https://antv.alipay.com/zh-cn/index.html），以及来自国外的 Chart.js（https://www.chartjs.org/）等。本教材选择使用主流开源的数据可视化工具完成基于 Web 的数据可视化呈现。第 6 单元将讲解基于前端框架和可视化开源工具完成前端任务的制作。

**3. 同步训练**

①查阅图书和网络相关资料，了解 Web 前端开发需要学习什么。
②查阅图书和网络相关资料，了解 Web 前端开发需要哪些开发工具。

## 任务 1.2　认识 Web 数据可视化应用案例

**1. 任务描述**

认识 Web 数据可视化在行业应用中的典型案例，并进行分析。

**2. 任务实施**

（1）工业数据可视化

制造业每天会产生大量的工业设备运行数据，相关工业物联网平台已积累了企业用户的基础信息与设备运行等数据。充分利用这些数据将会对工业企业的生产和经营产生非常好的推动作用。深入发掘数据价值，将助力宏观经济发展，提升对行业及区域工业发展的掌控能力。

"工业设备大数据分析与可视化平台"对企业上云设备数据进行挖掘，通过构建和运行相关指数模型，进行指数预测分析，并将数据进行可视化展示。借助该平台，企业可通过可视化方式实时监控各个生产环节的运行情况。企业不仅能够通过直观的方式对生产情况进行了解，而且能够及时发现生产过程中的异常，使得安全性和效率得以提升。行业监管部门可以实现对区域内行业企业的运行状况进行综合评价，并能够为相关政策的制定提供依据。

（2）航班数据可视化

"航班数据可视化平台"实现从公开数据源上采集航班数据信息，从城市、机场、航线、航班、执飞机型、准点率等多种维度对航班数据进行可视化展现。其首页通过 3D 动画动态全景展现了全球部分国家的航线图，科技感突出，如图 1–4 所示。"航空数据可视化平台"展示了航班数据概览、航线查询统计主要页面。从页面可以看出，航班信息聚合形成航线信息，结合机场的地理信息，以机场、城市、省、地区、国家等粒度进行聚合。可以分析展示航线繁忙程度、航班准点率等。此外，图中实现了查询统计功能，很好地完成了数据动态交互效果。

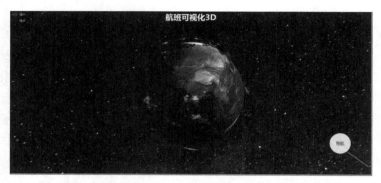

图 1–4　航班数据可视化平台首页

（3）车辆监控可视化

随着新能源汽车产业的蓬勃发展，对相关运营车辆进行远程实时监测是保障其安全运行、提高运营效率的有效手段，也是主管部门利用信息化手段实现有效监管的必要手段。本教材案例——新能源汽车大数据可视化监测平台实现了联网车辆的运营管理、故障诊断、统计分析等典型功能。本书后续案例将结合该应用场景进行展开。

### 3. 同步训练

查阅相关资料，例举其他 Web 数据可视化应用案例；结合自己所学知识，分析该案例运用的手段和实现方式。

### 单元小结

本单元简要介绍了 Web 数据可视化、Web 前端开发模式等相关知识，并给出了其在工业生产、智慧交通等不同领域的典型应用案例。本书假定读者已经初步具备了 HTML+CSS+JavaScript 等 Web 前端开发的基础知识，如果读者尚存在欠缺，请查询相关学习资料，进行简要补充即可。

### 课后练习

简答题

1. 简述数据可视化与 Web 数据可视化的关系。
2. 简述 Web 数据可视化在技术类别上的表现形式。
3. 简述 Web 开发中的 MVVM 模型的工作原理。
4. 简述行业中使用数据大屏的典型效益。

# 单元 2
## 新能源汽车大数据可视化监测平台

  一个成功的 Web 数据可视化平台的开发是在对系统需求准确、深入理解的基础上进行的。只有对基于业务需求准确认知，才能确定数据的通信协议、数据的存储、分析以及数据效益的表现方式等具体方案。

  本单元简要介绍新能源汽车大数据可视化监测平台的项目载体，包括相关知识要点和平台开发的需求分析两方面。本单元的知识导图如图 2-1 所示。

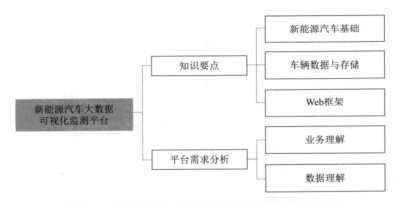

图 2-1   新能源汽车大数据可视化监测平台知识导图

## ■ 单元描述

  新能源汽车大数据可视化监测平台是企业用于相关车辆远程实时监测的信息化系统，主要包括实时监测、研发维修、车辆销售和车队管理等方面的功能。开发一款适合用户需求的产品，需要深入了解用户需求，并从功能、技术上进行分析。本单元进行项目的需求、数据含义、数据存储、数据调用等相关分析。平台业务流程示意图如图 2-2 所示。

### 1. 知识要求
① 了解如何结合业务进行数据模型的设计。
② 认识项目需求分析在项目开发中的重要地位。

### 2. 能力要求
① 熟练掌握进行项目需求分析的一般方法。
② 利用 MySQL、JSON 存储业务数据。

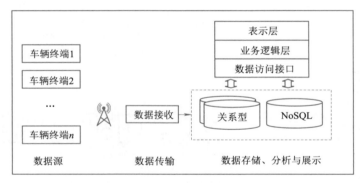

图 2-2 平台业务流程示意图

### 3. 素质要求

① 具有良好的与人沟通能力和良好的团队合作精神。

② 具有一定的科学思维方式和分析问题、解决问题的能力。

## 任务分解

| 任 务 名 称 | 任 务 目 标 | 安 排 课 时 |
|---|---|---|
| 任务 2.1　理解新能源汽车远程监测业务 | 项目需求分析 | 2 |
| 任务 2.2　理解业务数据 | 认识车辆数据 | 2 |
| 任务 2.3　确定车辆数据模型 | 掌握数据存储的一般方法 | 2 |
| 总　　　计 | | 6 |

## 知识要点

### 1. 新能源汽车基础

（1）新能源汽车概述

新能源汽车是指采用非常规的车用燃料作为动力来源（或使用常规的车用燃料但采用新型车载动力装置），综合车辆的动力控制和驱动方面的先进技术，形成的技术原理先进，具有新技术、新结构的汽车。在类型上一般分为混合动力电动汽车（Hybrid Electrical Vehicle，HEV）、纯电动汽车（Battery Electrical Vehicle，BEV）、燃料电池电动车（Fuel Cell Electric Vehicle，FCEV），以及其他类型新能源汽车。以电动汽车为例，其作为新能源汽车的主力发展方向，近年来得到了越来越多的关注。在节能减排、环保要求逐步提高的大背景下，电动汽车的零排放特点使其能够成为高效节能的交通出行方式。电动汽车与传统汽车相比，大幅精简了汽车的结构和零件数量，特别是储能和动力系统，用电池、电机、电控替代了传统的发动机。例如，纯电动汽车利用动力电池作为储能动力单元，通过动力电池向驱动电机提供动能，通过驱动电机运转驱动电动汽车前进。纯电动汽车的基本结构如图 2-3 所示。

以车辆的整车数据为例，纯电动汽车采集车辆状态、充电状态、车速、累计里程、总电压、总电流等共计 11 项数据。基于采集的数据，实现对整车、电池、电机、故障、位置等相关监测服务。

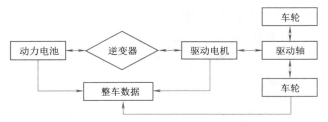

图 2-3　纯电动汽车的基本结构

（2）CAN 总线

CAN（Controller Area Network）即控制器区域网络，最初由博世公司为汽车监控、控制系统设计。其中，车辆两路 CAN 总线结构示意图如图 2-4 所示。车辆电机控制器、储能管理系统等挂接在高速的 CAN1 子网络上，智能仪表、照明等挂接在低速的 CAN2 子网络上。CAN1、CAN2 两个子网络物理上隔离，通过整车控制器实现数据交换。

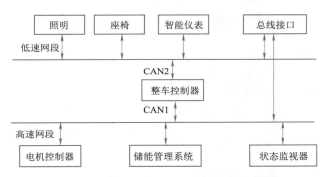

图 2-4　车辆两路 CAN 总线结构示意图

新能源汽车大数据可视化监测平台监测汽车的运行状态，本质上在于相关数据源的采集。数据采集通过车载设备完成，终端收集的车辆数据源主要包括如下类别：一是通过 CAN 总线获取的车辆运行的实时工况数据；二是通过车载全球定位系统（Global Positioning System，GPS）模块获取的车辆行车过程中的实时位置信息；三是车辆运行的环境信息，如温湿度、车内视频信息等。

**2. 车辆数据与存储**

对于业务数据的存储，在项目开发中，除了关系型数据库 MySQL 外，常见的还有 JSON、XML、CSV 等文档型数据存储形式。以下简要介绍项目中涉及的数据存储模式。

（1）MySQL

MySQL 是一个关系型数据库管理系统，由瑞典 MySQL AB 公司开发，目前属于 Oracle 旗下产品。MySQL 是最流行的关系型数据库管理系统之一，在 Web 应用方面，MySQL 是最好的 RDBMS（Relational Database Management System，关系数据库管理系统）应用软件之一。

（2）JSON

JSON（JavaScript Object Notation）是一种轻量级的数据交换格式。它采用完全独立于编程语言的文本格式来存储和表示数据。简洁和清晰的层次结构使得 JSON 成为理想的数据交换语言。JSON 易于人阅读和编写，也易于机器解析和生成，能有效地提升网络传输效率。

任何支持的类型都可以通过 JSON 来表示，如字符串、数字、对象、数组等。以下部分给出项目中用到的典型的 JSON 形式的数据表示，更多数据表示可查看本教材的配套资源。

① 第一类：车辆运行数据。

车速（vehicleSpeed.json）：

```json
{
    "time":["13:05","13:10","13:15","13:20","13:25","13:25","13:30"],
    "speed":[10,20,40,20,17,32,45]
}
```

总电流、总电压（totalVolCurr.json）：

```json
{
    "time":["13:00", "13:05","13:10","13:15","13:20","13:25","13:30","13:35",
"13:40","13:45"],
    "voltage":[1820, 932, 1901, 2934, 1290, 1330, 320, 423, 1289, 2345],
    "current":[ 182, 191, 134, 150, 120, 220,110,300, 145, 122]
}
```

电池数据（battery.json）：

```json
{
    "time": ["13:00", "13:05","13:10","13:15","13:20","13:25","13:30","13:35",
"13:40","13:45"],
    "battery": [[451, 352, 303, 534, 95, 236, 217, 328, 159, 151],[360,
545, 80, 192, 330, 580, 192, 80, 250, 453]]
}
```

② 第二类：车辆销售数据。

车辆城市分布（cityTop.json）：

```json
{
    "city":["苏州","无锡","南京","北京","上海","天津","重庆","成都","广州"],
    "count":[112,134,123,1,34,67,76,67,45]
}
```

### 3. 前端框架数据驱动模式

从前端 Web 框架的视角看（以 Vue.js 为例），数据驱动就是当数据本身发生改变时用户界面相应发生变化，开发者不需要手动修改 DOM。

简单地说，Vue.js 封装了数据和 DOM 对象操作的映射，只需要关心数据的逻辑处理，数据的变化就能够自然地通知页面进行页面的重新渲染。其优点是不需要在代码中频繁地操作 DOM。在实际项目中，有很大部分代码都是在数据修改以后手动操作重新渲染页面元素，当页面越来越复杂时，页面代码组织会越来越难以维护。此外，JS 对 DOM 的频繁操作会使得页面代码的出错概率升高，页面的视图展示会融合在 JS 代码中，对于页面视图显示的升级也不友好。

那么，Vue.js 是如何实现这种数据驱动的呢？

Vue.js 的数据驱动是通过 MVVM 框架来实现的。如前所述，MVVM 框架主要包含 3 部分：Model、View 和 ViewModel。Model 指的是数据部分，对应到前端就是 JavaScript 对象；View 指的是视图部分，对应到前端就是 DOM；ViewModel 是连接视图与数据的中间件，如图 2-5 所示。

从图 2-5 可以看出，Model 和 View 通过 ViewModel 来实现双方的通信。当数据变化时，ViewModel 能够监听到这种变化，并及时地通知 View 做出修改。同样，当页面有事件触发时，ViewModel 也能够监听到事件，并通知 Model 进行响应。ViewModel 相当于一个观察者，监控着双方的动作，并及时通知对方进行相应的操作。

更具体地，如图 2-6 所示，Vue.js 通过实现一个观察者（Watcher）来实现数据驱动开发模式，即让 DOM 随着数据的变化而改变。当用户把一个 JavaScript 对象传入 Vue.js 实例作为 Data 选项时，Vue.js 将遍历此对象所有的属性，并使用 Object.defineProperty 把这些属性全部转为 getter/setter。这些 getter/setter 能够记录和追踪依赖，在属性被访问（用 getter 去访问 data 的属性），观察者会把用到的 data 属性记为依赖。当渲染视图的数据依赖发生改变（即数据的 setter 被调用），观察者会对比前后两个的数值是否发生变化，确定是否通知视图进行重新渲染。通俗地讲，这意味着在普通 HTML 模板中实现了将 DOM "绑定"到底层数据。一旦创建了绑定，DOM 将与数据保持同步。每当修改了数据，DOM 便相应地更新。更多关于 Vue 的原理和实践参考后续章节。

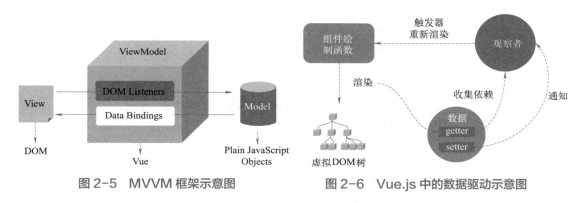

图 2-5　MVVM 框架示意图　　　　图 2-6　Vue.js 中的数据驱动示意图

## 任务 2.1　理解新能源汽车远程监测业务

### 1. 任务描述

随着新能源车辆的逐步推广，新能源车辆的远程监测、安全预警成为生产厂家和用户的刚性需求。新能源汽车可视化监测平台是一个基于车联网、云计算、大数据等信息处理技术的远程实时监测平台。该系统收集车辆整车、电池、驱动电机、位置、故障与异常等数据，对数据进行分析后，通过可视化方式予以呈现，为新能源汽车及电池安全全程保驾护航，为车辆生产、车辆运营、车辆售后等提供增值服务。

### 2. 任务分析

平台的开发和使用涉及不同的新能源汽车行业主体，从整车厂到运营车队，再到监管部门，各板块各自诉求不尽相同。数据驱动的软件开发最终服务于各主体诉求。虽然数据呈现方式多种多样，并不会脱离用户诉求这一最终目的。其一，结合诉求给出确定平台功能；其二，基于功能确定技术架构。新能源汽车产业链上的各主体利益诉求及关注的相应数据类型如表 2-1 所示。

表 2-1　新能源汽车产业链上的各主体利益诉求及关注的相应数据类型

| 序号 | 相 关 主 体 | 利 益 诉 求 | 数 据 子 类 |
|---|---|---|---|
| 1 | 研发人员 | 参数标定 | 电压、电流、SOC |
| 2 | 售后人员 | 故障诊断、故障预测 | 车辆分布、故障码 |
| 3 | 管理人员 | 生产决策、销售决策 | 销售量、车辆分布 |
| 4 | 车队人员 | 能耗管理、故障管理 | 里程、故障码 |
| 5 | 监管人员 | 位置服务、驾驶行为 | 经纬度、车速 |

**3. 任务实施**

（1）抽象平台功能

新能源汽车大数据可视化监测平台的功能框图如图 2-7 所示。该平台的核心功能包括以下 3 个模块：

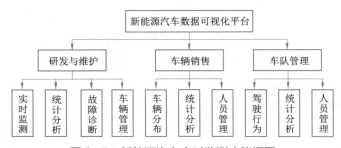

图 2-7　新能源汽车实时监测功能框图

① 研发与维护：本模块主要针对研发工程师和售后工程师，实现车辆运行实时监测、故障诊断、统计分析，以及车辆管理等基本功能。要求平台实时监测电机参数、车辆位置、充电状态、运行模式和里程等工况参数；基于故障码进行故障诊断，帮助维修工程师提高维修效率，为售后和运营安全保驾护航。

② 车辆销售：本模块主要针对销售工程师，基于车辆销售相关数据帮助其进行市场宣传和推广。

③ 车队管理：本模块主要针对公交公司、物流公司等运营车队，主要包括车辆驾驶行为、统计分析、人员管理等典型功能。

**注意：**本书案例主要围绕研发与维护场景展开，车辆销售和车队管理两个模块主要作为同步训练和课后训练，以实际的场景方便读者进行扩展。

（2）确定平台技术架构

新能源汽车大数据可视化监测平台主要包含数据采集、数据传输、数据存储、数据分析和可视化呈现等主要环节，平台架构如图 2-8 所示。图 2-8 中，左侧为两个车载终端的构成示意图，每辆汽车对应一个终端；右侧为云端数据接收、存储及可视化展示示意图。

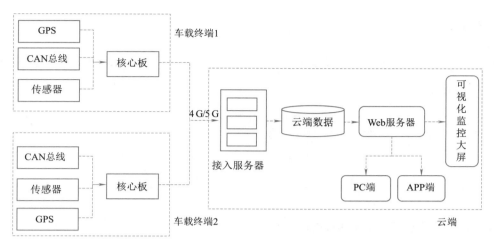

图 2-8　平台架构

## 任务 2.2　理解业务数据

在数据驱动的软件开发中，围绕"数据获取、数据传输、数据存储、数据分析、数据呈现"这一主线展开。就 Web 端数据可视化呈现任务这个环节而言，开发之前需要确定相应的数据模型，数据模型的确定成为项目开发的基础性任务。在确定合理的数据模型前，首先需要准确理解数据，本任务对车辆数据的含义进行阐述。

### 1. 任务描述

围绕上述业务模型，深入理解新能源汽车相关数据含义，确立相应的数据存储模型。

### 2. 任务分析

大数据驱动的项目中以业务数据的高效流转为主线，遵循"数据获取、数据传输、数据存储、数据处理、数据分析、数据呈现"这一完整过程，如图 2-9 所示。

图 2-9　数据驱动业务数据处理流程

车辆相关数据类型如表 2-2 所示。

表 2-2　车辆相关数据类型

| 序号 | 数据类型 | 数 据 子 类 |
|---|---|---|
| 1 | 车辆数据 | 整车信息（见表 2-4）、电池信息（见表 2-5）、车辆位置信息（表见 2-6） |
| 2 | 销售数据 | 车辆分布表、车辆销售表等 |
| 3 | 车队数据 | 驾驶员评分表等 |

## 3. 任务实施

（1）确定车辆信息

首先给出车辆信息表，如表 2-3 所示。该表包含唯一识别车辆的车架号和方便查询记忆的车牌号两个字段。

表 2-3　车辆信息表

| 字　段　名 | 含　　义 | 取　　值 |
|---|---|---|
| szVIN | 车辆 ID，可以用车架号 | 17 位唯一 |
| plateNumber | 车牌号 | |

（2）确定车辆参数信息

与车辆运行状态密切相关的数据存储模式如表 2-4 ~ 表 2-6 所示。

表 2-4　整车信息表

| 字　段　名 | 含　　义 | 取　　值 |
|---|---|---|
| szVIN | 17 位唯一，车架号 | LA9HIGECXH1HGC002 |
| time | 数据采集时间 | 2018-1-30 11:06:17 |
| bChargeStatus | 充电状态 | （未）充电、异常 |
| bRunningMode | 车辆类型 | 纯电、混动、燃油 |
| wVehicleSpeed | 车辆速度 | 取值 0~2 200 |
| dAccumulatedMileage | 累计里程 | 范围 0 ~ 999 999 |
| wTotalVoltage | 总电压 | 范围 0 ~ 1 000 |
| wTotalCurrent | 总电流 | 范围 –1 000~1 000 A |
| bSOC | SOC | 百分比 |
| bAccPedal | 加速踏板行程 | 百分比 |
| bBrkPedal | 制动踏板状态 | 百分比 |

表 2-5　电池信息表

| 字　段　名 | 含　　义 | 取　　值 |
|---|---|---|
| szVIN | 17 位唯一，车架号 | LA9HIGECXH1HGC002 |
| time | 数据采集时间 | 2018-1-30 11:06:17 |

表 2-6　车辆位置信息表

| 字　段　名 | 含　　义 | 取　　值 |
|---|---|---|
| szVIN | 17 位唯一，车架号 | LA9HIGECXH1HGC002 |
| realtime | 时间 | 2018-1-30 11:06:17 |
| latitudes | 经度信息 | 31.138534 |
| longitudes | 纬度信息 | 120.6918719 |

## 任务 2.3　确定车辆数据模型

在实时监测可视化任务中通过 Web 页面对数据进行呈现。在上一任务中对业务数据准确理解的基础上，确定车辆数据模型。

### 1. 任务描述

为了实现对特定车辆运行工况的实时监测，必须建立车辆相关的数据模型。要求以整车数据为例建立相应的数据存储模型。

### 2. 任务分析

基于业务需求建立车辆数据模型，实际项目中常见的模式是基于开源的 MySQL 数据库，数据读取并转换为 JSON 文件格式。以下以两种典型的数据模型为例进行阐述。

### 3. 任务实施

（1）数据模型示例 1：MySQL。

① 整车数据，如表 2-7 所示。

表 2-7　整车数据

| Id | szVIN | time | wVehicle_Speed | dAccumulated Mileage | wTotal_Voltage | wTotal_Current |
|----|-------|------|----------------|----------------------|----------------|----------------|
| 1 | LA9HIGECXH1HGC002 | 2018-1-30 11:06:17 | 232.4 | 999.9 | 292.0 | −331.8 |
| 2 | LA9HIGECXH1HGC002 | 2018-1-30 11:06:17 | 232.4 | 999. 9 | 292.0 | −331.8 |
| 3 | LA9HIGECXH1HGC002 | 2018-1-30 11:06:17 | 232.4 | 999.9 | 292.0 | −331.8 |
| 4 | … | … | … | … | … | … |

② 位置数据，如表 2-8 所示。

表 2-8　位置数据

| Id | szVIN | realtime | latitudes | longitudes |
|----|-------|----------|-----------|------------|
| 1 | LA9HIGECXH1HGC002 | 2018-1-30 11:06:17 | 31.138534 | 120.6918719 |
| 2 | LA9HIGECXH1HGC002 | 2018-1-30 11:06:17 | 31.138534 | 120.6918719 |
| 3 | LA9HIGECXH1HGC002 | 2018-1-30 11:06:17 | 31.138534 | 120.6918719 |
| 4 | … | … | … | … |

（2）数据模型示例 2：JSON

① 整车数据：

{"szVIN":"LA9HIGECXH1HGC002", "TIME":"2018-1-30 11:06:17", "vehicle":{"dAccumulatedMileage":"999.91","wTotal_Current":"-331.8","wTotal_Voltage":"292.0","bSOC":"20" , "bBrkPedal":"13","wVehicle_Speed":"232.4","bAccPedal":"13"}}
{"szVIN":"LA9HIGECXH1HGC002", "TIME":"2018-1-30 11:06:17", "vehicle":{"dAccumulatedMileage":"999.91","wTotal_Current":"-331.8","wTotal_Voltage":"292.0","bSOC":"20","bBrkPedal":"13","wVehicle_Speed":"232.4","bAccPedal":"13"}}

{"szVIN":"LA9HIGECXH1HGC002", "TIME":"2018-1-30 11:06:17", "vehicle":{"dAccumulatedMileage":"999.91","wTotal_Current":"-331.8","wTotal_Voltage":"292.0","bSOC":"20","bBrkPedal":"13" ,"wVehicle_Speed":"232.4","bAccPedal":"13"}}

②位置数据：

{"szVIN":"LA9HIGECXH1HGC002","location":{"dLatitude":"31.138534","bGPS_Status":"5","dLongitude":"120.69187199999999"},"TIME":"2018-1-30 11:06:17"}
{"szVIN":"LA9HIGECXH1HGC002","location":{"dLatitude":"31.138534","bGPS_Status":"5","dLongitude":"120.69187199999999"},"TIME":"2018-1-30 11:06:17"}
{"szVIN":"LA9HIGECXH1HGC002","location":{"dLatitude":"31.138534","bGPS_Status":"5","dLongitude":"120.69187199999999"},"TIME":"2018-1-30 11:06:17"}

**4. 同步训练**

根据任务 2.3 的案例，列举其他数据模型。

## 单元小结

本单元主要介绍了项目需求分析，从功能分析、技术架构角度宏观对项目进行了介绍。特别地，对项目业务数据的含义、存储方式等进行阐述，加深读者对业务数据的理解，是后面各单元内容的数据基础。

## 课后练习

一、简答题

1. 简述什么是前端框架数据驱动模式。

2. Web 前端开发在整个系统中的地位和作用是什么？

3. 比较 MySQL 和 JSON 不同的数据存储类型，并说明其适用场景。

二、操作题

1. 给出表 2-9 所示原始数据的 JSON 数据类型表示。

表 2-9　原始数据

| 姓　　名 | 年　　龄 | 维 修 车 辆 | 客 户 评 价 |
| --- | --- | --- | --- |
| 张伟 | 27 | 45 | 9.2 |
| 李详 | 31 | 56 | 8.5 |
| 李飞 | 28 | 78 | 9.9 |
| 王刚 | 36 | 69 | 8.7 |

# 单元 3
## Web 基础

在 Web 页面中，最常用的传递信息的载体就是文字。但是，随着大数据时代的到来，信息的产出量大大增长，也使得人们很少有耐心去认真地阅读，反而对图形、图表等形式更易接受。借助曲线图表等展示形式把一些相关数据更直接、形象、生动、具体地展示在 Web 页面上，即常说的 Web 可视化。

本单元介绍利用 HTML、CSS、JavaScript 等技术实现新能源汽车单车监控页面以及页面中的车辆数据可视化呈现。本单元的知识导图如图 3-1 所示。

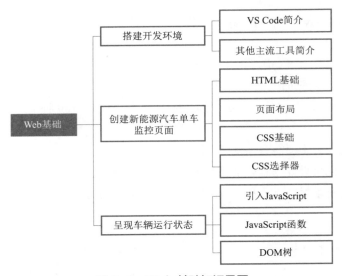

图 3-1　Web 基础知识导图

## 🔲 单元描述

新能源汽车大数据分析系统是企业用于对新能源汽车进行监控管理的系统，主要包括研发与维修、车辆销售和车队管理三大功能模块。

本单元要实现"研发与维修"模块中新能源汽车单车监控页面的设计。该页面用于监测车辆的实时运行数据，将车辆数据、车辆速度、总电流等数据用表格或图表的方式在页面上呈现，并能实现数据的实时更新，页面的最终设计效果如图 3-2 所示。

图 3-2　新能源汽车单车监控页面

### 1. 知识要求

① 学习如何利用 DIV+CSS 搭建网页框架相关知识。

② 学习如何利用 CSS 美化网页风格相关知识。

③ 学习如何利用 JavaScript 呈现表格、图表等内容的相关知识。

### 2. 能力要求

① 熟练掌握 HTML+CSS 进行页面布局。

② 熟练掌握 CSS 对页面的美化，使页面具有良好的兼容性。

③ 熟悉 JavaScript 的基本使用方法，如在网页中调用 JavaScript 脚本等。

### 3. 素质要求

① 具有良好的与人沟通能力和良好的团队合作精神。

② 具备较强的网页设计创意思维、艺术设计素质和创新思想。

③ 具有一定的科学思维方式和分析问题、解决问题的能力。

## ■ 任务分解

| 任 务 名 称 | 任 务 目 标 | 安 排 课 时 |
|---|---|---|
| 任务 3.1　搭建开发环境 | 掌握 VS Code 的搭建和基本使用方法 | 1 |
| 任务 3.2　创建新能源汽车单车监控页面 | 利用 HTML+CSS 搭建网页 | 3 |
| 任务 3.3　呈现车辆运行状态 | 用表格、图表呈现数据 | 2 |
| 总　　　计 | | 6 |

## ■ 知识要点

### 1. 前端开发常用工具介绍

（1）VS Code

VS Code 是基于 Electron 开发、Typescript 编写、底层 Node.js 打造的一个编辑器，它不是

IDE，而被称为"披着 IDE 外衣的编辑器"，是微软提供的一款轻量级但功能十分强大的编辑器，内置了对 JavaScript、TypeScript 和 Node.js 语言的支持，并且为其他语言（如 C++、C#、Python、PHP 等）提供了丰富的扩展库。本单元采用的就是这个开发工具。

（2）WebStorm

WebStorm 是 Jetbrains 公司旗下一款 JavaScript 开发工具。WebStorm 与 IntelliJ IDEA 同源，继承了 IntelliJ IDEA 强大的 JS 部分的功能。如要使用 WebStorm 可以去其官网进行下载，地址为 http://www.jetbrains.com/webstorm/，官方下载页面如图 3-3 所示。

图 3-3　WebStorm 官方下载页面

（3）Sublime Text

Sublime Text 是一款用于代码、标记的和散文的精致文本编辑器。它具有漂亮的用户界面和强大的功能，例如，代码缩略图、Python 的插件、代码段等，还可自定义键绑定、菜单和工具栏。其主要功能包括拼写检查、书签、完整的 Python API、Goto 功能、即时项目切换、多选择、多窗口等。Sublime Text 是一个跨平台的编辑器，同时支持 Windows、Linux、Mac OSX 等操作系统。如果要使用 Sublime Text 可以去其中文官网下载，地址为 http://www.sublimetext.cn/，如图 3-4 所示。

## 2. HTML+CSS 基础

（1）HTML 基础

HTML 是指超文本标记语言，英文为 HyperText Markup Language。如同名字所表示的含义，HTML 并不是一种编程语言，而是一种标记语言，它在页面中的作用是搭建出页面的树状结构，在该结构上的每一个节点就是一个标记。

HTML 的基本结构如下：

```
1  <html>
2  <head>
3      <title> 标题 </title>
4  </head>
5  <body>
```

```
6        网页内容
7    </body>
8    </html>
```

图 3-4  Sublime Text 官网

HTML 元素的基本组成包括开始标签（Opening tag）、结束标签（Closing tag）和内容（Content），内容可以是空的。这三者结合在一起组成一个完整的标签，或被称为元素（Element），如图 3-5 所示。

图 3-5  HTML 元素基本组成

（2）页面布局

由于 <div> 元素是网页中最常用的一个元素，CSS 能够轻松地对其进行定位，因此目前 DIV+CSS 技术是最常用的网页布局技术。在实时监测页面中就采用了 DIV+CSS 实现。

可以把 <div> 元素看成一个矩形区域的容器，在这个容器内可以存放其他 HTML 元素，也包括 <div> 元素，即 <div> 元素是可以嵌套的。借助于 CSS 样式，能够把 <div> 元素放置在网页的任何位置，实现网页的精致排版。如下面的一个多列布局，用 5 个 <div> 元素来实现，其效果如图 3-6 所示。其中，id 为 container 的 <div> 元素用于控制整个页面的大小，在此 <div> 元素中嵌套了 4 个 <div> 元素，分别用于设置标题、菜单、内容和版权的大小和位置。具体代码如下：

```
1  <div id="container" style="width:800px">
2      <div id="header" style="background-color:#142437;color:#fff;height:50px;">
3          <h1 style="margin-bottom:0;font-size:24px;"> 标题 </h1>
4      </div>
5      <div id="menu" style="background-color:#a9b8dc;height:200px;width
:150px;float: left;">
6              <b> 菜单 </b>
7      </div>
8      <div id="content" style="background-color:#EEEEEE;height:200px;wi
dth:650px; float:left;"> 内容 </div>
9      <div id="footer" style="background-color:#142437;clear:both;text-
align:center;color:#fff; height:30px;"> 版权 </div>
10 </div>
```

（3）CSS 基础

CSS 指层叠样式表，英文为 Cascading Style Sheets，主要用于解决内容与表现分离问题，从而提高工作效率。CSS 格式设置规则由两部分组成：选择器和声明，其中声明由属性（如 text-decoration）和值（如 none）两部分组成，如图 3-7 所示。

图 3-6 用 <div> 元素实现多列布局

图 3-7 CSS 格式

根据运用样式表的范围是局限在当前网页文件内部还是其他网页文件，可以将样式表分为内联样式、内部样式表和外部样式表。以本网页为例，采用的是外部样式表文件，它可以把所有的样式存放在一个以 .css 为扩展名的文件里，然后将这个 CSS 文件链接到各个网页中，而不需要重复编写相同的样式，减少了程序员的工作量，提高了其工作效率。

（4）CSS 选择器

CSS 中的选择器通常是需要改变样式的 HTML 元素，选择器可以分为 id 选择器、类选择器、属性选择器等，在本页面中主要运用的是类选择器。灵活的运用选择器可以精简样式表的代码。下面来认识几个常用的 CSS 选择器以及其高级用法。

① 元素选择器。CSS 的元素选择器是最常见的选择器，又称类型选择器，它匹配文档语言元素类型的名称，如 p、a、h1，甚至 HTML 本身。在实时监测页面中对 body、a 等设置了 CSS 样式，具体如下：

```
body{min-width: 1200px;}
a{text-decoration: none;}
```

② id 选择器。id 选择器可以为有 id 属性的 HTML 元素指定特定的样式，CSS 中 id 选择器以 "#" 来定义。如某个 <div> 元素中的所有段落的文字都是红色，可以如下定义：

```
#red{color:red;}
```

其对应的 HTML 部分如下：

```
1  <div id="red">
2      <p> 段落 1</p>
3      <p> 段落 2</p>
4  </div>
```

通过浏览器预览可以看到，id 属性为 red 的 <div> 元素下的所有文字，即段落 1、段落 2 的颜色为红色。

**注意：**

- id 属性的值是唯一的，在一个 HTML 文档中只能出现一次。
- id 属性不要以数字开头，数字开头的 ID 在 Mozilla/Firefox 浏览器中不起作用。

③ 类选择器。类选择器也称 class 选择器，用于描述一组元素的样式。类选择器有别于 id 选择器，可以在多个元素中使用。在 CSS 中，类选择器以一个点"."号开始，点号后是类选择器的名称；在 HTML 中则是通过 class 属性调用类选择器名来表示该元素应用了此样式。在新能源汽车单车监控页面中就采用了类选择器样式化页面。如下面的例子中，所有拥有 fl 类的 HTML 元素均为左浮动：

```
.fl{float: left;}
```

在 HTML 中，一个 class 值中可能包含一个词列表（即多个样式），各个词之间用空格分隔。例如，如果在本页面的搜索区域中要将"查询"所示在 div 的元素同时标记为左浮动（fl）和按钮（search-btn），就可以写作：

```
<div class="fl search-btn">
    查询
</div>
```

通过词列表可以将不同的 CSS 样式效果同时运用到一个元素中，而且可以重复运用，减少了重复代码的编写，提高了编写代码的效率。

④ 后代选择器

在本页面的 CSS 代码中，可以看到如下的表示方式：

```
.datav-item .datav-title{
    border-bottom: 1px solid #687997;
    padding: 5px 20px;
}
```

.datav-item .datav-title 这种选择器的写法称为后代选择器或包含选择器，用于选取某元素的后代元素。通过定义后代选择器来创建一些规则，使这些规则在某些文档结构中起作用，而在另外一些结构中不起作用。

例如，如果希望只对 h1 元素中的 em 元素应用样式，可以这样写：

```
h1 em {color:red;}
```

上面这个规则会把作为 h1 元素后代的 em 元素的文本变为红色。其他位置的 em 文本（如段落或块引用中的 em）则不会被这个规则运用，具体代码如下：

```
<h1> 这是 <em> 标题 1</em></h1>        // 文字"标题 1"为红色
<p> 这是 <em> 段落 </em> </p>          // 文字"段落"继承父元素的颜色
```

⑤ 锚伪类。在支持 CSS 的浏览器中，链接包括活动状态、已被访问状态、未被访问状态和鼠标悬停状态 4 种状态，这 4 种状态都可以用不同的方式显示即锚伪类，其 CSS 写法如下：

```
a:link {color: #FF0000}        // 未访问的链接
a:visited {color: #00FF00}     // 已访问的链接
a:hover {color: #FF00FF}       // 鼠标移动到链接上
a:active {color: #0000FF}      // 选定的链接
```

注意：

- 在 CSS 定义中，a:hover 必须被置于 a:link 和 a:visited 之后，才是有效的。
- 在 CSS 定义中，a:active 必须被置于 a:hover 之后，才是有效的。
- 伪类名称对大小写不敏感。
- 当用户只写一个 a 元素的样式时，超链接的 4 种状态样式就统一了。

⑥ 选择器分组。在 CSS 中有时会遇到如下情况，有多个元素需要设同一个样式效果，如在本页面的 CSS 代码中要求将 body、div、span、a、img、input、p 这些元素的外边距和内边距均为 0，可以这样写：

```
body{
    margin: 0;
    padding: 0;
}
div {
    margin: 0;
    padding: 0;
}
...
```

可以发现，这些样式除了选择器不同，其花括号中的内容都是相同的，因此可以采用选择器分组的方法书写：

```
body,div,span,a,img,input,p{
    margin: 0;
    padding: 0;
}
```

上述代码将多个选择器放在规则左边，然后用逗号分隔，并在右边则定义样式，显然，这种方法更为简便。

### 3. 网页中的 JavaScript

（1）HTML 页面引入 JavaScript

JavaScript 通常内嵌在 HTML 页面中运行，与页面同时被浏览器加载和运行，在 HTML 页面中使用 <script>…</script > 标签引入 JavaScript 脚本。但当 JavaScript 的代码太多时，不但增加了网页文件的容量，而且增加了阅读网页代码的难度。可以将代码写在以 .js 命名的脚本文件中，然后再将其引入网页文件中，其写法如下：

```
<script type="text/javascript" src="JS 脚本文件路径 "></script>
```

（2）JavaScript 函数

函数是 JavaScript 中最常用功能之一，它可以避免相同功能代码的重复编写，将程序中的代码模块化，提高程序的可读性，减少开发者的工作量，且便于后期维护。

函数用于封装一段完成特定功能的代码，可重复使用且拥有名称。JavaScript 有三种声明函数的方法，其中 function 命令和函数表达式这两种方法最为常用，下面就主要介绍这两种方法。

① function 命令。用 function 命令进行声明，function 命令后面是函数名，函数名后面是一对圆括号，里面是传入函数的参数，函数体放在花括号中，具体示例如下：

```
function print(s) {
    console.log(s);
}
```

上面的代码命名了一个 print 函数，以后使用 print( 实参 ) 这种形式，就可以调用相应的代码。这称为数的声明。

② 函数表达式。除了用 function 命令声明函数，还可以采用变量赋值的写法。如在本单元中的图表案例中就采用函数表达式的方式来调用函数的，其代码如下：

```
window.onload=function(){
        showData(jsonArr);
};
```

这种写法将一个匿名函数赋值给变量。这时，这个匿名函数又称函数表达式，因为赋值语句的等号右侧只能放表达式。采用函数表达式声明函数时，function 命令后面不带有函数名。如果加上函数名，该函数名只在函数体内部有效，在函数体外部无效。

需要注意的是，函数的表达式需要在语句的结尾加上分号，表示语句结束。而函数的声明在结尾的花括号后面不用加分号。这两种声明函数的方式差别很细微，可以近似认为是等价的。

（3）DOM 树

DOM 树是 HTML 页面的层级结构，它由元素、属性和文本组成，它们都是一个节点，就像公司的组织结构图一样。下面看一个简单的 HTML 文档。

```
 1 <!DOCTYPE html>
 2 <html>
 3   <head>
 4     <meta charset="UTF-8">
 5     <title> 测试 </title>
 6   </head>
 7   <body>
 8     <a href="#"> 链接 </a>
 9     <p> 段落 ...</p>
10   </body>
11 </html>
```

依据上面的 HTML 文档，可以绘制一个清晰的 DOM 树，如图 3-8 所示。

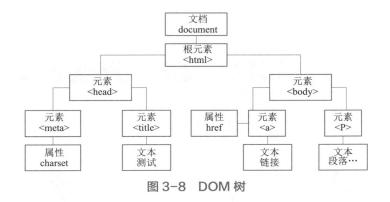

图 3-8　DOM 树

## 任务 3.1　搭建开发环境

**1. 任务描述**

工欲善其事，必先利其器。本任务要完成的任务是为新能源汽车大数据分析系统中 Web 页面的制作搭建开发环境。

**2. 任务分析**

本任务采用 VS Code 工具进行网页的搭建，通过 VS Code 的下载与安装、VS Code 界面介绍及运用 VS Code 创建网页文件来熟悉该开发工具。

**3. 任务实施**

（1）VS Code 下载与安装

① 下载 VS Code，在浏览器输入 http://code.visualstudio.com（官网网址），进入 VS Code 官网首页，单击右上角的 Download 按钮，如图 3-9 所示。

图 3-9　VS Code 官网首页

② 进入下载页面，如图 3-10 所示。选择合适的版本进行下载。由于本项目是在 Windows 环境下开发且操作系统为 64 位，因此选用 Windows 下的 64 位 System 版。

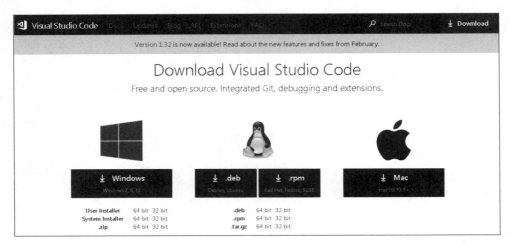

图 3-10　VS Code 下载页面

**注意**：VS Code 官网目前提供了 User（用户）、System（系统管理员）和 .zip 三种下载的方式，其中 User 和 System 下载后需要安装，只要直接按照安装向导的提示一步一步进行即可安装完成，而 .zip 是免安装版，直接解压后就可以使用。

（2）VS Code 界面介绍

VS Code 安装好后，运行出现图 3-11 所示的界面，其左侧是用于展示要编辑的所有文件和文件夹的文件管理器，包括资源管理器、搜索、源代码管理、调试和扩展五大栏目；右侧是打开文件的编辑区域，最多可同时打开三个编辑区域到侧边。底栏是 Git Branch、error&warning、编码格式等。

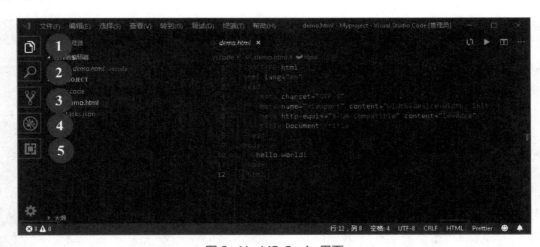

图 3-11　VS Code 界面

① 资源管理器：包含文件和文件夹，单击资源管理器可打开和关闭显示。

② 搜索：如果资源管理器文件过多，可通过输入内容进行查询。

③ 源代码管理：如通过 git init 文件后导入项目，此项下面才显示。

④ 调试：配置调试选项后生效。

⑤ 扩展：搜索内容后安装需要的插件。

（3）运用 VS Code 创建网页文件

下面以创建一个项目并在项目中新建一个网页文件为例，来简单认识 VS Code 的使用。操作步骤如下：

① VS Code 本身没有新建项目的选项，所以要先创建一个空文件夹作为项目文件夹，如在计算机中的新建一个名为 MYPROJECT 的文件夹。

② 打开 VS Code，在窗口的左上角选择"文件"→"打开文件夹"命令，选择新建的文件夹 MYPROJECT，在 VS Code 中的效果如图 3-12 所示。

③ 配置文件夹，按 Ctrl+Shift+P 组合键，在打开的命令窗口中输入 task，然后选择"任务：配置任务运行程序"命令，跳转后选择 other 命令，即在原本的空文件中自动生成了一个 JSON 类型的配置文件，如图 3-13 所示。至此，一个完整的项目文件夹创建成功。

图 3-12　导入 MYPROJECT 文件夹　　　　图 3-13　自动生成 JSON 配置文件

④ 选择"文件"→"新建文件"命令，默认创建一个名为 untitled-1 的纯文本文件。

⑤ 在主窗口的右下角单击纯文本文件，在顶部打开的命令窗口中输入 html，如图 3-14 所示，然后按 Enter 键。这时文件的图标改为 HTML 的了，单击保存文件。

图 3-14　修改文件类型

⑥ 在编辑器输入"!"，按 Tab 键，自动生成 HTML 的基本结构。

⑦ 单击"扩展"图标，在搜索框中输入 open in browser，如图 3-15 所示，单击"安装"按钮进行安装，安装完成后，单击 reload 按钮。

图 3-15　安装浏览器插件

**注意：**在扩展区域可以根据自己的需要选择要安装的插件，下面罗列了部分常用插件。

- open in browser：打开浏览器用的（必装）。
- Prettier-Code formatter：代码格式化。
- Regex Previewer：正则测试工具。
- Color Info：调色盘。
- Debugger for Chrome：谷歌调试器。
- highlight-matching-tag：前后标签提示。
- Simple icon theme：文件图标。
- Auto Close Tag：自动闭合标签。
- Auto Rename Tag：前后标签同时修改。
- HTML CSS Support：CSS 属性提词器。
- Icon Fonts：字体图标。

⑧ 单击"资源管理器"图标，回到开始界面，按 Alt+B 组合键运行 HTML 文件，如图 3-16 所示。

**注意：**在本项目中统一采用 Chrome 浏览器。

图 3-16　浏览器预览效果

**4. 同步训练**

完成开发工具 VS Code 的安装与基本配置。

## 任务 3.2　创建新能源汽车单车监控页面

**1. 任务描述**

制作新能源汽车单车监控页面，要求界面简洁，重在突出数据的呈现，在色彩上以深蓝色为主色调，配合浅蓝、白色以及不同明暗度的粉色、绿色、黄色等亮丽的色彩，给人一种未来科技感。页面上除了最基本的导航和 Logo 外，还应包括查询区和数据呈现区，其具体效果如图 3-2 所示。

## 2. 任务分析

采用目前主流的 HTML+CSS 技术实现新能源汽车单车监控页面的制作，利用 HTML 实现页面整体布局和页面内容，利用 CSS 美化页面使其呈现最终设计稿效果。实现过程将分为三步：

① 利用 HTML 搭建页面框架。

② 在搭建的框架中填充页面的内容。

③ 利用 CSS 样式化页面，使其呈现设计稿效果。

## 3. 任务实施

（1）实现页面布局

在前端开发中页面布局总是最开始的工作，就像盖楼时，先搭框架，然后再填砖，前端也是一样的，先要做好页面的布局工作。在本系统的新能源汽车单车监控页面中采用的是单列布局，这是最简洁的一种布局结构，整个页面给人一种清爽干净的感觉。其布局结构如图 3-17 所示。

根据图 3-17 所示的页面布局结构，其 HTML 代码结构设计如下：

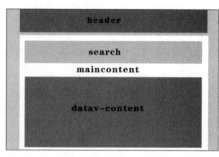

图 3-17　新能源汽车单车监控页面的布局结构

```
1   <!DOCTYPE html>
2   <html lang="en">
3   <head>
4       <meta charset="UTF-8">
5       <title> 新能源汽车大数据分析系统——研发与维修 </title>
6   </head>
7   <body>
8   <div class="header">
9       header
10  </div>
11  <div class="maincontent">
12    <div class="search">
13       search
14    </div>
15    <div class="datav-content " >
16       datav-content
17    </div>
18  </div>
19  </body>
20  </html>
```

以上代码定义了两个并列的 <div> 元素 header 和 maincontent，其中 <div> 元素 maincontent 中又包括搜索区域 search 和图表区域 datav-content，分别用类样式 class 来对其总体样式进行定义，主要涉及对应 <div> 元素的样式有 width（宽度）、color（文字颜色）、min-height（最小高度）以及 padding（内边距），其初步效果对应的 CSS 代码如下：

```
1  .header,.maincontent{
2      width: 100%;
3      color: #fff;
4  }
5  .search{
6      padding: 0 50px;
7      min-height: 100px;
8      color: #fff;
9      padding-top: 15px;
10 }
11 .datav-content{
12      padding: 0 50px 40px;
13 }
```

在 CSS 中，除了用类样式 .header、.maincontent、.search、.datav-content 对 4 个 div 总体外观进行设置外，还应对整体的 margin（边界）、padding（填充）、html 和 body 进行控制，以确定了整个页面的 min-width（最小宽度）在 1200 px，以及 font-size（文字大小）、line-height（行高）、background（背景）等，设置后的页面效果图如图 3-18 所示，其对应的代码如下：

```
1  body,div,span,a,img,input,p{
2      margin: 0;
3      padding: 0;
4  }
5  html,body{
6      height: 100%;
7      width: 100%;
8      font-size: 16px;
9      line-height: 1.5;
10     position: fixed;
11     overflow-y: auto;
12     background: url(./resource/true.3957df7.png) #142437 center 0 no-repeat;
13     background-size: cover;
14 }
15 body{
16     min-width: 1200px;
17 }
18 a{
19     text-decoration: none;
20 }
21 input{
22     outline: none;
23 }
```

（2）显示内容

此时会发现页面呈现效果与预期相差很大，那是因为当前只是对整个新能源汽车单车监控页面的结构做了总体规划，缺少具体的内容，下一步就要开始充实页面内容了。新能源汽车单车监控页面分导航栏区域和主要内容区域，主要内容区域又包括查询内容区域和车辆数据区域，下面就把这主要的 3 部分内容补充完整。

图 3-18　新能源汽车单车监控页面的页面布局效果

① 导航栏区域内容。导航栏区域包括导航信息、Logo 以及侧边固定菜单项，下面分别从这 3 方面来介绍其实现过程。

a. 导航信息内容。导航信息包括研发与维修、车辆销售和车队管理 3 个标签，其对应的 HTML 如下：

```
1   <div class="nav">
2      <div class="clearfix">
3          <div class="fl nav-left  active">
4              <span> 研发与维修 </span>
5          </div>
6          <div href="" class="fl nav-left">
7              <span> 车辆销售 </span>
8          </div>
9          <div href="" class="fl nav-left">
10             <span> 车队管理 </span>
11         </div>
12     </div>
13  </div>
```

以上代码中，3 个标签分别对应 3 个 <div> 元素，并且分别调用同一个样式来保证其呈现效果的统一，具体的样式代码见后面样式的实现部分。

b. Logo 内容部分。在本页面中 Logo 的内容包括分割线与 Logo 图片，主要还是采用 <div> 元素嵌套，其具体的 HTML 代码如下：

```
1   <div class="logo pr">
2      <span><img src="./resource/leftline.png"></span>
3      <img src="./resource/logotext.png" class="img">
4      <span><img src="./resource/rightline.png"></span>
5   </div>
```

c. 侧边固定菜单项。此菜单项位于页面的左侧，包括数据大屏、统计分析、单车监控、车辆管理、用户管理 5 个标签，这里运用列表来实现，其具体 HTML 代码如下：

```
1   <ul class="menu">
2      <li class="list">
3          <a href="#"> 数据大屏 </a>
4      </li>
5      <li class="list">
6          <a href="#"> 统计分析 </a>
7      </li>
8      <li class="active list">
9          <a href="#"> 单车监控 </a>
10     </li>
11     <li class="list">
12         <a href="#"> 车辆管理 </a>
13     </li>
14     <li class="list">
15         <a href="#"> 用户管理 </a>
16     </li>
17  </ul>
```

② 查询内容区域。查询区域属于 maincontent 中的一个内容部分，其内容包括查询表单、车辆基本信息两大部分，下面分别从这两方面来介绍其实现过程。

a. 查询表单内容部分。查询区域用于查询车辆，可以通过车载终端编号和车牌号进行查询，需要用到两个文本框和一个按钮，具体代码如下：

```
1  <div class="search pr ">
2      <div class="search-contnet clearfix boxshadow ">
3          <div class="fl search-box">
4              <span>车载终端编号</span>
5              <input type="text">
6          </div>
7          <div class="fl search-box">
8              <span>车牌号</span>
9              <input type="text">
10         </div>
11         <div class="fl search-btn">
12             查询
13         </div>
14     </div>
15     <div class="data-baseinfo">
16         <span>车载终端编号：*********</span>
17         <span>车牌号：******</span>
18         <span>数据上传时间：2019-01-09 12:30:01</span>
19     </div>
20 </div>
```

以上代码中，按钮的实现没有采用表单中的按钮元素，而是利用 CSS 样式对其进行外观的格式化来实现的。

b. 车辆基本信息内容部分。车辆基本信息包括所查询车辆的车辆终端编号、车牌号和数据上传时间。为了便于后续从数据库中读取不同字段的数据，在这里为每个信息添加一个 <span> 元素，既保证了信息显示在同一行，也保证了不同数据在规定的位置显示，具体代码如下：

```
1  <div class="data-baseinfo">
2      <span>车载终端编号：*********</span>
3      <span>车牌号：******</span>
4      <span>数据上传时间：2019-01-09 12:30:01</span>
5  </div>
```

③ 车辆数据区域。车辆数据区域也是 maincontent 中的一部分，主要用于数据的呈现，可以用表格和图表的方式等方式来呈现，图表的具体呈现方式将在下一任务中进行介绍，其具体的 HTML 代码如下：

```
1  <div class="datav-content clearfix">
2      <div class="datav-item">
3          <div class="datav-box" id="box">
4              <p class="datav-title">车辆数据</p>
5          </div>
6      </div>
7      <div class="datav-item">
8          <div class="datav-box">
9              <p class="datav-title">车辆速度</p>
```

```
10              <div class="echart-item" id="echart1"></div>
11          </div>
12      </div>
13      <div class="datav-item">
14          <div class="datav-box">
15              <p class="datav-title"> 总电流 </p>
16              <div class="echart-item" id="echart2"></div>
17          </div>
18      </div>
19      <div class="datav-item">
20          <div class="datav-box">
21              <p class="datav-title"> 总电压 </p>
22              <div class="echart-item" id="echart3"></div>
23          </div>
24      </div>
25      <div class="datav-item">
26          <div class="datav-box" style="height:550px">
27              <p class="datav-title"> 蓄电池温度 </p>
28              <div class="echart-item" id="echart4" ></div>
29          </div>
30      </div>
31      <div class="datav-item">
32          <div class="datav-box"  style="height:550px">
33              <p class="datav-title"> 极值 </p>
34              <div class="echart-item" id="echart5"></div>
35          </div>
36      </div>
37  </div>
```

新能源汽车单车监控页面的内容完成后，在浏览器中查看其效果如图 3-19 所示。

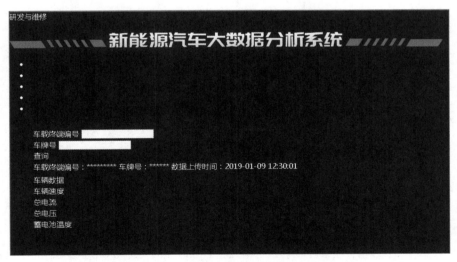

**图 3-19　新能源汽车单车监控页面效果**

（3）样式化页面

新能源汽车单车监控页面的内容已经完成了，但在浏览器中查看页面时会发现页面目前只是信息的罗列，要使页面呈现预先设计的效果就需要 CSS 的美化。CSS 样式可以直接写在网页中，但是过多的代码会影响开发者的阅读，所以往往使用外部样式表。在本页面中也是采用引入外部样式表的做法，具体的引入代码如下：

```
<link rel="stylesheet" href="./resetstyle.css">
```

在本页面的内容部分，主要采用 <div> 元素实现，在样式上主要采用类样式，此样式可以重复调用，可以减少重复性代码的编写，使代码更为精简。下面是 CSS 样式设计部分的介绍。

① 公共样式的设计。在一个页面中总会有一些相同的效果设计，为了避免重复编写这些样式，可以将其先写好，比如左右浮动、清除浮动等，以便后面直接调用。在本页面中所需要的公共样式如下：

```
1   .fl{float: left;}
2   .fr{float: right;}
3   .pa{ position: absolute;}
4   .pr{ position: relative;}
5   .clearfix:after{ content: ""; display: block; height: 0; clear: both;}
6   .clearfix{ zoom: 1;}
```

以上代码中，分别定义了左浮动、右浮动、绝对位置、相对位置以及清除浮动的类样式。

② 对应具体内容的样式。除了公共的样式外，由页面设计效果图可见每个内容也有其不同的呈现效果需求，下面分别从导航栏区域、查询区域和车辆数据区域介绍其 CSS 的设计。

a. 导航栏区域样式。导航栏中分为导航信息和 Logo 两部分，其中导航的高度是固定的，当前的标签背景颜色与其他标签是有区别的，具体的样式代码如下：

```
1   .nav{
2       height: 62px;
3       padding-left: 4%;
4   }
5   .nav-left {
6       height: 62px;
7       line-height: 62px;
8       padding: 0 20px;
9       color: #409eff;
10      cursor: pointer;
11      font-size: 18px;
12  }
13  .nav-left.active{background-color: rgb(35, 69, 155);color:#fff;}
```

Logo 部分包括分割线和图片的样式设置，其具体代码如下：

```
1   .logo{
2       width: 100%;
3       height: 55px;
4       text-align: center;
5       position: relative;
6       background: url(./resource/titlebg.png) 0% 0% no-repeat padding-box border-box scroll;
7       background-size: 100%;
8   }
9   .logo span{margin:0 120px;}
10  .img{width:24%;}
```

侧边固定菜单项是通过对列表样式进行设置，使其能固定的页面的左侧，其具体代码如下：

```
1   ul.menu{
2       top: 16%;
3       width: 1.7%;
4       height: 2%;
5       padding: 0;
6       clear: both;
7       font-family: Century Gothic;
8       display: table;
9       list-style: none outside none;
10      position: fixed;
11  }
12  ul.menu .list{
13      width: 2em;
14      height: 7em;
15      text-align: center;
16      clear: both;
17      margin-top: 2px;
18      vertical-align: middle;
19      border:1px solid #1c48a5;
20      float: left;
21      display: table-cell;
22      background-color: rgb(28, 72, 165);
23  }
24  ul.menu .list a{
25      height: 7em;
26      color: #fff;
27      line-height: 1.2em;
28      letter-spacing: 0.3em;
29      font-size: 1em;
30      text-decoration: none;
31      word-spacing: 1.5em;
32      cursor: pointer;
33      word-break: break-all;
34      writing-mode: tb-rl;
35  }
36  ul.menu .active{
37      color: #09fbd2;
38      background-color: rgb(13, 120, 204);
39  }
```

b. 查询区域样式。车辆查询、车辆基本信息属于一个单元，包括对文字、文本框以及按钮等样式的设置，具体的样式代码如下：

```
1   .search-contnet{
2       padding:30px 15px;
3       border-radius: 4px;
4       font-size: 13px;
5       color: #abfeff;
6   }
7   .search-contnet .search-box{
8       margin-right: 20px;
```

```
 9    }
10    .search-box input{
11        width: 170px;
12        height: 32px;
13        line-height: 32px;
14        border: 1px solid #dcdfe6;
15        background: #fff;
16        border-radius: 4px;
17        color: #606266;
18        padding-left: 4px;
19        font-size: 16px;
20        padding:0 15px;
21        display: inline-block;
22    }
23    .search-contnet .search-btn{
24        font-size: 14px;
25        width: 90px;
26        height: 32px;
27        line-height: 32px;
28        text-align: center;
29        background: #409eff;;
30        border-radius: 4px;
31        cursor: pointer;
32        box-shadow: 0px 2px 4px rgba(66,124,255,0.2), 3px 4px 4px
rgba(66,124,255,0.2), -3px 4px 4px rgba(66,124,255,0.2);
33    }
34    .boxshadow{
35        box-shadow: 0px 2px 7px rgba(77,145,255,0.15);
36    }
37    .data-baseinfo{
38        font-size: 13px;
39        color: #abfeff;
40        padding: 12px;
41    }
42    .data-baseinfo span{
43        padding-right: 50px;
44    }
```

c. 车辆数据区域。车辆数据区域共有 6 个 div，分别用于显示 6 个类别数据的图表，除图表外其呈现效果是一致的，具体的样式代码如下：

```
 1    .datav-content .datav-item{
 2        padding: 0 8px;
 3        width: 50%;
 4        box-sizing: border-box;
 5        color: #bcc6d8;
 6        float: left;
 7        margin-top: 25px;
 8    }
 9    .datav-item .datav-title{
10        border-bottom: 1px solid #687997;
11        padding: 5px 20px;
12    }
```

```
13    .datav-box{
14        box-shadow: 0px 2px 7px rgba(77,145,255,0.15);
15        height: 440px;
16        border-radius: 4px;
17    }
```

d. 样式的应用。在本页面中采用的是类样式，需要在页面中通过 class 属性调用对应的样式才能在浏览器中浏览时查看到其最终效果。下面以车辆查询区域的样式为例进行介绍，其应用相应 CSS 的方法如下：

```
1    <div class="search-contnet clearfix boxshadow ">
2        <div class="fl search-box">
3            <span> 车载终端编号 </span>
4            <input type="text">
5        </div>
6        <div class="fl search-box">
7            <span> 车牌号 </span>
8            <input type="text">
9        </div>
10       <div class="fl search-btn">
11           查询
12       </div>
13   </div>
```

在以上代码中，类样式呈现 search-contnet clearfix boxshadow 这样多种类用空格进行间隔的写法，这里的类没有前后关系可以任意排列，是一种样式效果叠加的方法，可以把多个不同效果的样式应用到同一元素。

### 4. 同步训练

参考新能源汽车单车监控页面的效果，利用 HTML+CSS 完成"研发与维修"栏目下子栏目"统计分析"页面，要求页面与单车监控页面风格统一，包括导航、查询区和数据呈现区，具体效果图如图 3-20 所示。

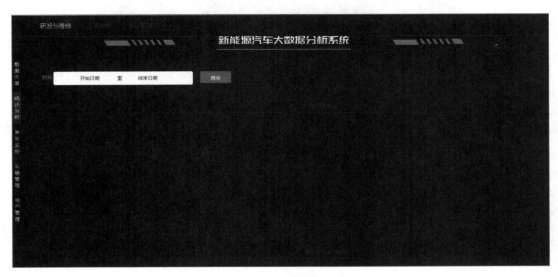

图 3-20　统计分析页面

## 任务 3.3 呈现车辆运行状态

### 1. 任务描述

将单车监控的数据用表格或图表的方式呈现到新能源汽车单车监控页面中。图 3-21 所示为用表格的形式呈现数据；图 3-22 所示为用图表的方式呈现数据。

图 3-21　用表格呈现车辆数据

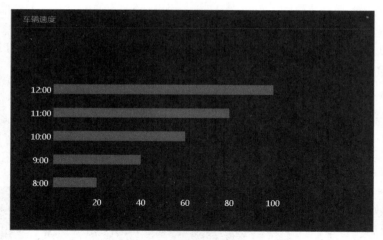

图 3-22　用图表呈现数据

### 2. 任务分析

用表格呈现数据，将车辆数据按照 HTML 中表格的格式进行编辑排版，奇数行为字段，偶数行为字段对应的数据。

用图表呈现数据，这里用 JS 的原生代码实现一个条状图表。由于 JS 不是本项目的重点，只要掌握如何通过调用 JS 呈现图表即可。

### 3. 任务实施

（1）车辆数据在表格中的呈现

① 利用表格呈现。

在页面中"车辆数据"对应的 div 中编写一个 8 行 5 列的表格，其 HTML 代码如下：

```
1   <table>
2     <tr>
3        <td> 车速 </td>
4        <td> 电机转速 1</td>
5        <td> 电机转速 2</td>
6        <td> 仪表转速 </td>
7        <td> 油门开度 </td>
8     </tr>
9     <tr>
10       <td>35km/h</td>
11       <td>3600rpm</td>
12       <td>3600rpm</td>
13       <td>--</td>
14       <td>30%</td>
15    </tr>
16    <tr>
17       <td> 刹车开度 </td>
18       <td> 舱门状态 </td>
19       <td> 挡位 </td>
20       <td> 前气压值 </td>
21       <td> 后气压值 </td>
22    </tr>
23    <tr>
24       <td>50%</td>
25       <td> 关闭 </td>
26       <td> 前进 D</td>
27       <td>1MPa</td>
28       <td>2MPa</td>
29    </tr>
30    <tr>
31       <td> 柱气压值 </td>
32       <td> 前门状态 </td>
33       <td>DCDC 故障 </td>
34       <td></td>
35       <td></td>
36    </tr>
37    <tr>
38       <td>2MPa</td>
39       <td> 关闭 </td>
40       <td> 正常 </td>
41       <td></td>
42       <td></td>
43    </tr>
44    …
45  </table>
```

对表格的宽度、文本对齐方式、边框等进行设置，对表格中的奇数行和偶数行分别设置背景颜色和文字颜色等不同的样式效果，其 CSS 代码如下：

```
1   .datav-box table{width: 100%;text-align:center;border-collapse:collapse;}
2   .datav-box td{border-left:1px solid #3055ad;}
3   .datav-box td:first-child{border-left:0;}
```

```
4    .datav-box tr:nth-child(odd){color:#fff;background: #1d48a6;height: 40px;}
5    .datav-box tr:nth-child(even){color:#4f6282;font-size: 14px;height: 60px;}
```

② 利用 div 元素呈现。

表格的效果还可以用 div 来实现，按照字段和字段的值将 div 元素分为 title 和 value，其 HTML 代码如下：

```
1    <div class="car-data-item car-data-title clearfix">
2        <div> 车速 </div>
3        <div> 电机转速 1</div>
4        <div> 电机转速 2</div>
5        <div> 仪表转速 </div>
6        <div> 油门开度 </div>
7    </div>
8    <div class="car-data-item car-data-value clearfix">
9        <div>35km/h</div>
10       <div>3600rpm</div>
11       <div>3600rpm</div>
12       <div>--</div>
13       <div>30%</div>
14   </div>
15   <div class="car-data-item car-data-title clearfix">
16       <div> 刹车开度 </div>
17       <div> 舱门状态 </div>
18       <div> 挡位 </div>
19       <div> 前气压值 </div>
20       <div> 后气压值 </div>
21   </div>
22   <div class="car-data-item car-data-value clearfix">
23       <div>50%</div>
24       <div> 关闭 </div>
25       <div> 前进 D</div>
26       <div>1MPa</div>
27       <div>2MPa%</div>
28   </div>
29   <div class="car-data-item car-data-title clearfix">
30       <div> 驻气压值 </div>
31       <div> 前门状态 </div>
32       <div>DCDC 故障 </div>
33       <div></div>
34       <div></div>
35   </div>
36   <div class="car-data-item car-data-value clearfix">
37       <div>2MPa</div>
38       <div> 关闭 </div>
39       <div> 正常 </div>
40       <div></div>
41       <div></div>
42   </div>
43   …
44   </div>
```

对标题 div 元素和值 div 元素的样式进行设置，包括其背景颜色、文字对齐方式、文字颜色、边框线等，其 CSS 代码如下：

```
1   .car-data-item div{
2       float: left;
3       box-sizing: border-box;
4       width: 20%;
5       text-align: center;
6       border-left: 1px solid #3055ad;
7       overflow: hidden;
8       text-overflow: ellipsis;
9       white-space: nowrap;
10      padding: 0 4px;
11  }
12  .car-data-title div{
13      height: 40px;
14      line-height: 40px;
15      background: #1d48a6;
16  }
17  car-data-value div{
18      line-height: 60px;
19      font-size: 14px;
20      color: #b5c2d8;
21      height: 60px;
22  }
23  .car-data-title div:nth-child(1),.car-data-value div:nth-child(1)
{border-left:0; }
```

（2）用条形图呈现车速

① 创建一个用来包含图表的 <div> 元素。

a. 在本页中 id 为 chart1 的 div 中插入一个 id 为 chartbox 的 div 以元素，具体如下：

```
1   <div class="datav-item">
2       <div class="datav-box">
3           <p class="datav-title">车辆速度</p>
4           <div class="echart-item" id="echart1">
5               <div id="chartbox"></div>
6           </div>
7       </div>
8   </div>
```

以上代码中，id 属性为 chartbox 的这个 <div> 元素中就是用于显示图表的，这样就拥有了一个简单的代码框架。

b. 设置 chartbox 的大小、$x$ 轴和 $y$ 轴。id 为 chartbox 的 div 宽度和高度分别为 464 px 和 255 px，左侧边框线和底部边框线为 1 px 暗蓝色实线。

```
#chartbox{position: relative;margin-top:80px;left:80px;width: 464px;height:
255px;border-bottom: 1px solid rgb(47, 66, 142);border-left: 1px solid rgb(47,
66, 142);color: #fff;}
```

②引入 JS 代码。

在本案例中实现了一个条形图表效果，该图表是用原生的 JS 代码实现，由于本项目中 JS 代码不是重点，这里就直接引入这个脚本代码，不再对其进行解释。在 HTML 页面中引入 JS 代码如下：

```
<script type="text/javascript" src="barchart.js"></script>
```

引入 JS 代码后，需要通过调用相关函数来加载这个图表，其具体代码如下：

```
1   <script type="text/javascript">
2   window.onload=function(){
3       showData(jsonArr);
4   }
5   </script>
```

### 4. 同步训练

①结合任务 3.2 中设计的"统计分析"页面，用表格或者图表的方式呈现相关的统计数据，要求符合页面风格。

②为车辆销售设计一个功能页面，具体要求如下：

页面中应与新能源汽车大数据分析系统的整体风格统一，包括导航、查询和数据呈现三大部分，参考效果如图 3-23 所示，可以自由发挥设计。

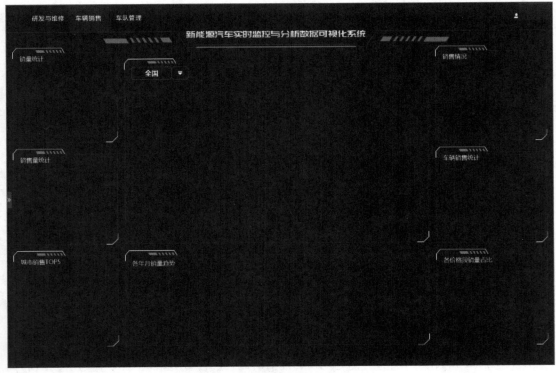

图 3-23　车辆销售页面参考效果

③用表格或图表等多种方式进行呈现数据，参考效果如图 3-24 所示。

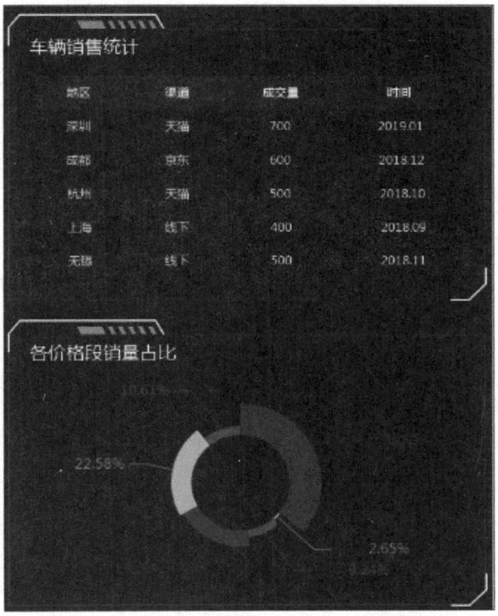

图 3-24　车辆销售页面表格与图表参考效果

## ▉ 单元小结

本单元以新能源汽车单车监控页面的实现为项目任务，通过任务分解介绍了如何利用 HTML+CSS 实现页面以及利用 JS 原生语言实现简单的图表。

## ▉ 课后练习

### 一、简答题

1. 如果要在不同的网页中应用相同的样式表定义，应该（　　）。

A. 直接在 HTML 的元素中定义样式表

B. 在 HTML 的 <head> 标记中定义样式表

C. 通过一个外部样式表文件定义样式表

D. 以上都可以

2. a:hover 表示超链接在（　　）时的状态。

A.　鼠标按下　　　　　B. 鼠标未移入　　　　　C. 鼠标放上去　　　　　D. 访问过后

3. 若要在页面中创建一个图形超链接，要显示的图形为 myhome.jpg，所链接的地址为 http://www.pcnetedu.com，则以下用法中正确的是（　　）。

A. <a href="http://www.pcnetedu.com">myhome.jpg</a>

B. <a href=" http://www.pcnetedu.com"><img src="myhome.jpg"></a>

C. <img src="myhome.jpg"><a href ="http://www.pcnetedu.com"></a>

D. <a href =http://www.pcneredu.com><img src="myhome.jpg">

4. 在 HTML 页面中，有如下样式规则，它的选择器为（　　　　）。

```
P{color:red;font-size:30px;font-family:" 宋体 ";}
```

A. P　　　　　　　　　B. color　　　　　　　　C. font-size　　　　　　　D. font-family

## 二、填空题

1. 网页主要由＿＿＿＿＿＿＿＿＿、head 和 body 组成。

2. 书写类选择器样式时前面加＿＿＿＿＿＿＿＿＿符号。

3. JavaScript 中声明一个变量所用的关键字是＿＿＿＿＿＿＿。

4. 程序段 var a=2,b=5;document.write(!a<b&&a<=3); 的输出结果为＿＿＿＿＿＿＿。

## 三、简答题

什么是 HTML？什么是 CSS？什么是 JavaScript？描述它们之间的关系。

# 单元4
## 前端框架

随着用户对 Web 前端使用体验提升，互联网前端行业发展迅猛，很多功能的组成部分已逐渐从后端移向前端。用户基于网络开展的各种活动已不能满足简单的页面浏览，前端的功能也越来越多、越来越复杂。网站开发技术的选择，决定了网站的可复用性、稳定性、开发难度等，因此要选择合适的技术。为了提高开发效率和代码复用率，很多优秀框架不断涌现，逐渐改变了传统的前端开发方式。这些框架实现了功能分层，使用户能够方便地进行功能修改，受到了广大开发者的喜爱。

本单元以新能源汽车大数据可视化监测平台为例，介绍了在 MVVM 开发模式下，选用 Vue.js 前端框架，搭建开发环境，从零开始构建新能源汽车大数据可视化监测平台，完成基本数据显示的相关功能。本单元的知识导图如图 4-1 所示。

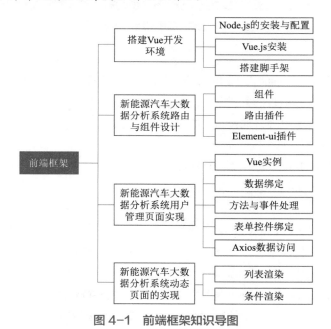

图 4-1　前端框架知识导图

## 单元描述

新能源汽车大数据可视化监测平台的前端功能中有很多共性的部分，使用传统的开发方式存在代码的重复，不易维护。当前涌现出很多优秀的框架实现了功能分层，提高了用户对数据处理的能力，以及及时响应和交互能力，具有较好的数据安全机制，可以使开发达到事半功倍的效果。

　　本单元中结合实际业务需求，选用轻量级响应式框架 Vue.js 完成对项目基本框架的构建，并在已建的框架中完成用户基础数据的显示，将当前用户的相关信息在页面中呈现，页面的最终设计效果如图 4-2 所示。

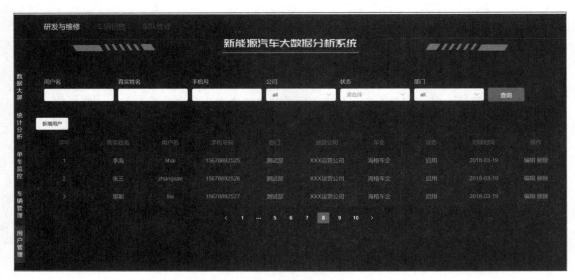

图 4-2　新能源汽车用户信息页面

### 1. 知识要求

① 了解目前比较流行的前端框架 React.js、Angular.js 和 Vue.js，并学习 Vue.js 开发环境要求。

② 了解 webpack 构建项目的方式。

③ 学习 Vue.js 的基本原理，如模板、数据、方法与事件等。

④ 学习 Vue-Router 实现动态页面切换的相关知识。

⑤ 学习 Axios 实现 JSON 数据读取的方式。

⑥ 学习 Vue.js 实现 JSON 数据呈现的方式。

### 2. 能力要求

① 熟练掌握 Node.js 及 Vue.js 安装。

② 熟练使用脚手架构建项目。

③ 熟练掌握组件创建的方法。

④ 熟练掌握 Vue.js 中 Axios 访问数据方法，能够获取 JSON 文件的数据。

⑤ 熟练掌握内置指令的使用，如数据绑定、条件渲染、列表渲染、事件处理等。

### 3. 素质要求

① 具有较强的程序调试能力。

② 具有较强的网站规划和建设能力。

③ 具有较强的 Web 前端的设计、开发、调试及维护能力。

## 任务分解

| 任务名称 | 任务目标 | 安排课时 |
|---|---|---|
| 任务 4.1　搭建 Vue 开发环境 | 完成 Vue.js 安装；<br>使用脚手架搭建的项目 | 2 |
| 任务 4.2　新能源汽车大数据分析系统路由与组件设计 | 完成本系统组件的构建；<br>使用 Vue-Router 完成页面管理 | 2 |
| 任务 4.3　新能源汽车大数据分析系统用户管理页面实现 | 了解 Vue.js 基础特性；<br>使用 Axios 获取 Json 数据 | 4 |
| 任务 4.4　新能源汽车大数据分析系统动态页面实现 | 使用列表渲染完成动态页面 | 2 |
| 总　　计 | | 10 |

## 知识要点

　　Web 前端承担着用户与服务器信息交互的重任，随着用户体验要求的不断提升，用户对数据处理能力、数据安全机制、及时响应及交互能力的要求越来越高，前端开发的模式也产生了新的变化。如今国内外涌现出很多优秀的前端框架，这些框架实现了功能分层，可以方便地进行功能修改，可以有效简化 Web 前端开发流程，降低开发难度，提高开发效率，实现 Web 系统前、后端开发完全分离，提高了系统的灵活性及可扩展性。

### 1. 前端框架简介

　　目前比较流行的前端框架为 React.js、Angular.js、Vue.js，下面对常见的几种框架进行比较。

　　（1）Angular.js

　　Angular.js 是由 Google 创建的一种 JS 框架，使用它可以扩展应用程序中的 HTML，从而在 Web 应用程序中使用 HTML 声明动态内容。Angular.js 可以扩展 HTML 的语法，以便清晰、简洁地表示应用程序中的组件并允许将标准的 HTML 作为模板语言，Angular.js 可以通过双向数据绑定自动从拥有 JavaScript 对象（模型）的 UI（视图）中同步数据。Angular 程序架构如图 4-3 所示。

　　（2）React.js

　　React 是一个用于构建用户界面的 JavaScript 库，主要用于构建 UI。很多人认为 React 是 MVC 中的 V（视图）。React 拥有较高的性能，代码逻辑非常简单，越来越多的人已开始关注和使用它。React 采用声明范式，可以轻松描述应用；通过对 DOM 的模拟，最大限度地减少与 DOM 的交互，可以与已知的库或框架很好地配合，通过 React 构建组件，使得代码更加容易得到复用，能够很好地应用在大项目的开发中；实现了单向响应的数据流，从而减少了重复代码，这也是它为什么比传统数据绑定更简单。React 架构如图 4-4 所示。

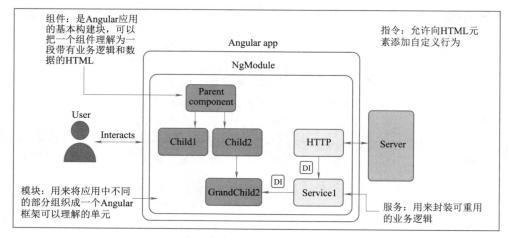

图 4-3 Angular 程序架构

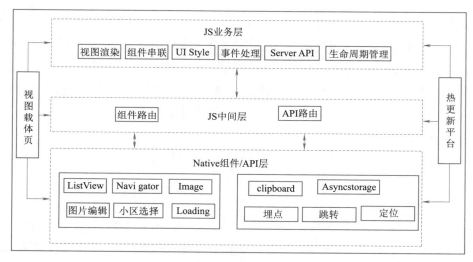

图 4-4 React 架构

（3）Vue.js

Vue.js 是一套用于构建用户界面的渐进式框架。与其他大型框架不同的是，Vue 被设计为可以自底向上逐层应用。Vue.js 的核心库只关注视图层，不仅易于上手，还便于与第三方库或既有项目整合。当与现代化的工具链以及各种支持类库结合使用时，Vue.js 也完全能够为复杂的单页应用提供驱动。其主要特点是：双向数据绑定，会自动对页面中某些数据的变化做出同步的响应；使用组件化开发，把一个单页应用中的各种模块拆分到一个一个单独的组件（component）中，只要先在父级应用中写好各种组件标签，并且在组件标签中写好要传入组件的参数就可以完成整个应用；预先通过 JavaScript 进行各种计算，把最终的 DOM 操作计算出来并优化，计算完毕才真正将 DOM 操作提交，将 DOM 操作变化反映到 DOM 树上。

Vue.js 采用自底向上增量开发的设计方式，是更加灵活、开放的解决方案，架构更加简单，适合开发人员快速掌握其全部特性并投入使用。Vue.js 响应式原理如图 4-5 所示。

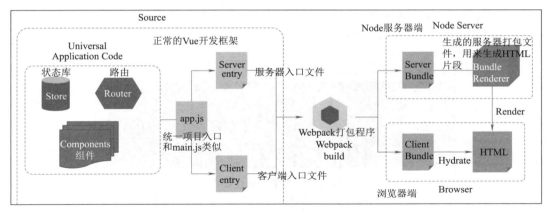

图 4-5 Vue.js 响应式原理

相对于 Angular.js 和 React.js 而言，Vue.js 的学习曲线比较平稳，上手比较简单，是比较可靠的 MVVM 框架选择之一，因此本书使用 Vue.js 来构建项目。

## 2. Vue.js 安装

与 jQuery 相类似，JavaScript 框架的安装方式基本有以下几种：

（1）下载 .js 文件用 <script> 标签引入

Vue.js 开发版本下载地址为 https://vuejs.org/js/vue.js，可以通过该地址下载至本地，在页面中通过 <script></script> 标签进行引入。

（2）使用 CDN 方法

① BootCDN（国内）：https://cdn.bootcss.com/vue/2.2.2/vue.min.js。

② unpkg：https://unpkg.com/vue/dist/vue.js，会保持和 npm 发布的最新的版本一致。（推荐使用）。

③ cdnjs：https://cdnjs.cloudflare.com/ajax/libs/vue/2.1.8/vue.min.js，如 <script src="https://cdnjs.cloudflare.com/ajax/libs/vue/2.1.8/vue.min.js"></script>。

（3）npm 方法

用 Vue.js 构建大型应用时推荐使用 npm 安装方法，npm 能很好地和诸如 Webpack 或者 Browserify 模块打包器配合使用。Vue.js 也提供配套工具来开发单文件组件。npm 方法所需内容有 Node.js 环境（npm 包管理器）、vue-cli 脚手架构建工具和 cnpm npm 的淘宝镜像。

① 安装 Node.js。从 Node.js 官网（https://nodejs.org/en/）下载并安装 node，安装过程很简单，一直单击"下一步"按钮就可以完成安装。安装完成之后，可以通过管理员的身份打开命令行工具（右击 Win 图标 ，选择 Windows PowerShell（管理员）命令），输入 node-v 命令，查看 node 版本，若出现相应的版本号，则说明安装成功了，如图 4-6 所示。

图 4-6 查看 node 版本

npm 包管理器是集成在 node 中的，所以安装了 node 也就有了 npm，直接输入 npm-v 命令，显示 npm 的版本信息，如图 4-7 所示。

图 4-7 查看 npm 版本

至此，node 的环境已经安装完成，npm 包管理器也有了，由于有些 npm 资源被屏蔽或者是国外资源的原因，经常会导致 npm 安装依赖包的时候失败，所以还需要 npm 的国内镜像 --cnpm。

② 安装 cnpm。在命令行中输入 npm install-g cnpm--registry=http://registry.npm.taobao.org，然后等待，没报错表示安装成功（教材中 cnpm 已经安装过了，显示更新成功的信息，如图 4-8 所示）。

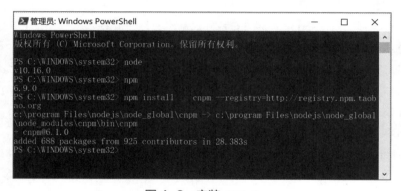

图 4-8 安装 cnpm

③ 安装 vue-cli 脚手架构建工具。在命令行中运行命令 npm install-g vue-cli，然后等待安装完成，如图 4-9 所示。

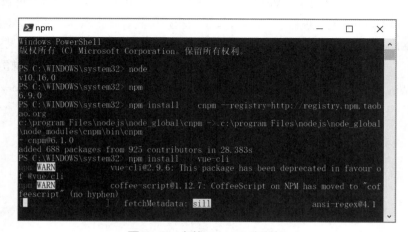

图 4-9 安装 vue-cli 脚手架

通过以上 3 个步骤，任务需要环境和工具都准备好了，接下来就可以使用 vue-cli 来构建项目了。

### 3. webpack 构建项目

模块化开发中会编写大量模块，如果不打包就上线，页面加载或交互时，将会发起大量请求。为了性能优化，需要使用打包器对模块进行打包整合，以减少请求数。Vue 项目所有组件最终都将被打包到一个 app.js 中。

webpack 是一个现代 JavaScript 应用程序的静态模块打包器（module bundler），可以将许多松散的模块按照依赖和规则打包成符合生产环节部署的前端资源。它做的事情就是，分析项目结构，找到 js 模块以及其他一些浏览器不能直接运行的拓展语言（Sass、typeScript 等），并将其打包为适合的格式供浏览器使用。webpack 的核心优势在于它从入口文件出发，递归构建依赖关系图。通过这样的依赖梳理，webpack 打包出的 bundle 不会包含重复或未使用的模块，实现了按需打包，极大地减少了冗余。

webpack 的工作方式：把项目当做一个整体，从一个给定的主文件（index.js）开始找到项目的所有依赖文件，使用 loaders 处理它们，最后打包成一个可识别的 js 文件。

在命令行中运行命令"vue init webpack 项目名"即可完成项目的构建，如图 4-10 所示，具体构建方法将在任务 4.1 中详细介绍。

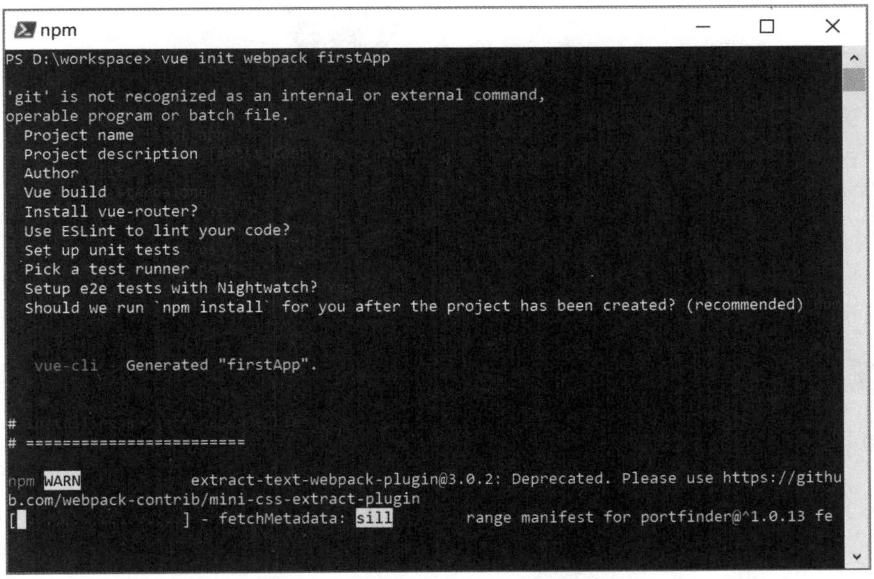

**图 4-10　使用 webpack 构建项目**

项目创建完成后，可以通过 npm run dev 命令运行项目，如图 4-11 所示。

项目启动后，在浏览器中输入项目启动后的地址 http://localhost:8080，在浏览器中会出现 Vue 的 Logo，如图 4-12 所示。

打开项目目录，可以看到已经创建的相关文件夹及文件，如图 4-13 所示。目录及其作用如下：

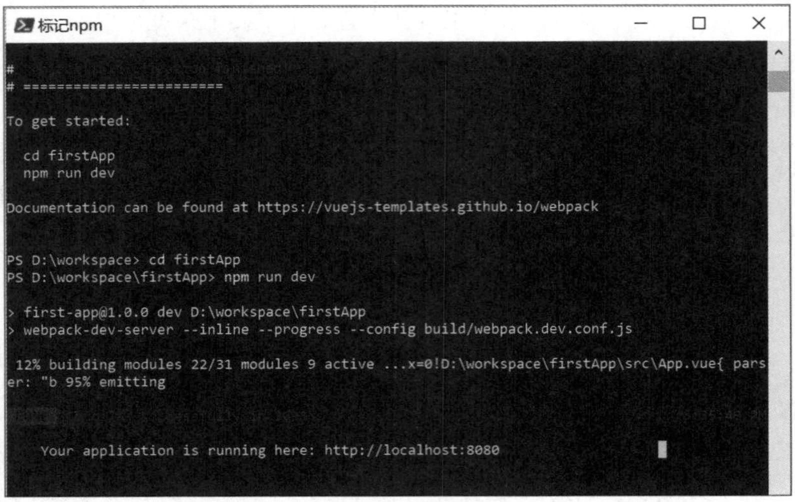

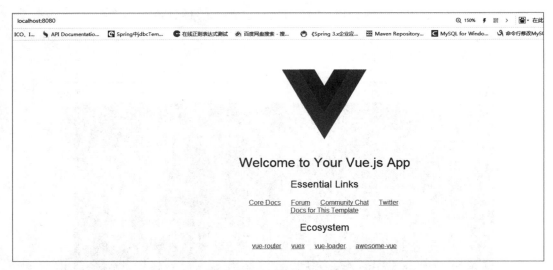

图 4-11　运行项目

图 4-12　项目运行界面

图 4-13　项目目录文件

① build：最终发布代码的存放位置。

② config：配置路径、端口号等信息，刚开始学习的时候选择默认配置即可。

③ node_modules：npm 加载的项目依赖模块。

④ src：开发的主要目录，基本上要做的事情都在这个目录里面，里面包含了几个目录及文件。

- assets：放置一些图片，如 Logo 等。
- components：目录里放的是一个组件文件，可以不用。
- App.vue：项目入口文件，也可以将组件写在这里，而不使用 components 目录。
- main.js：项目的核心文件。

⑤ static：静态资源目录，如图片、字体等。

⑥ test：初始测试目录，可删除。

⑦ index.html：首页入口文件，可以添加一些 meta 信息或者统计代码。

⑧ package.json：项目配置文件。

⑨ README.md：项目的说明文件。

这就是整个项目的目录结构，其中，主要在 src 目录中进行修改。

**注意**：如果在项目无 node_modules 目录，可以通过执行 cnpm install 命令来完成安装项目所需要的依赖。安装完成之后，项目中会多一个 node_modules 文件夹，这里面就是所需要的依赖包资源。

### 4. Vue.js 基础

无论前端框架如何变化，它所要处理的事情依旧是模板渲染、事件绑定、处理用户交互，只是提供了不同的写法和理念。

（1）实例及选项

每个 Vue.js 应用都需要通过实例化 Vue.js 来实现。语法格式如下：

```
var vm=new Vue({
    // 选项
})
```

在实例化时，可以传入一个选项对象，包含数据、模板、挂载元素、方法、生命周期、钩子等选项。

① 模板。

Vue.js 使用了基于 HTML 的模板语法，允许开发者声明式地将 DOM 绑定至底层 Vue 实例的数据。Vue.js 的核心是一个允许采用简洁的模板语法来声明式地将数据渲染进 DOM 的系统。结合响应系统，在应用状态改变时，Vue 能够智能地计算出重新渲染组件的最小代价并应用到 DOM 操作上。

选项中主要影响模板或 DOM 的选项有 el 和 template，属性 replace 和 template 需要一起使用。

元素选项：

```
1. <div id="app"></div>
2. <script>
3. var vm=new Vue({
4.   el:"#app"
5. });
6. </script>
```

el: 类型为字符串，DOM 元素或函数，其作用是为实例提供挂载元素。

template：类型为字符串，默认会将 template 值替换挂载元素（即 el 对应的元素）并合并挂载元素和模板要节点属性。

```
1.  <!DOCTYPE html>
2.  <html>
3.  <head>
4.  <meta charset="utf-8">
5.  <title>libing.vue</title>
6.  <script src="node_modules/vue/dist/vue.min.js"></script>
7.  </head>
8.  <body>
9.  <div id="app">
10. <h1>将被模板内容替换</h1>
11. </div>
12. <template id="tpl">
13. <div class="tpl">Todo List</div>
14. </template>
15. <script>
16. var vm = new Vue({
17.    el: "#app",
18.    template: "#tpl"
19. });
20. </script>
21. </body>
22. </html>
```

② 数据。

Vue.js 实例中可以通过 data 属性定义数据，这些数据可以在实例对应的模板中进行绑定并使用。

**注意**：如果传入 data 的是一个对象，Vue.js 实例会代理起 data 对象里所有的属性，而不会对传入的对象进行深复制。另外，可以用 Vue.js 实例 vm 中的 $data 来获取声明的数据。

```
1.  <div id="app">{{title}}</div>
2.  <script>
3.    var vm = new Vue({
4.     el: "#app",
5.     data: { title: "标题"}
6.    });
7.  </script>
```

③ 生命周期的钩子。

每个 Vue.js 实例创建时，都会经历一系列的初始化过程，调用相应的生命周期钩子。

created：实例创建完成后调用，此阶段完成数据监测等，但尚未挂载，$el 还不可用。

mounted：el 挂载到实例后调用。

```
1.  <div id="app">{{title}}</div>
2.  <script>
3.  var vm=new Vue({
4.     el:"#app",
5.     data: {
6.       title: "标题"
7.     },
8.     created(){
9.       console.log("Vue instance has been created!");
10.    },
```

```
11.    mounted(){
12.      console.log("mounted:" + this.$el);
13.    }
14. });
15. </script>
```

④ 方法 methods。

可以通过选项 methods 对象来定义方法，并且使得 v-on 命令来监听 DOM 事件。每当触发重新渲染（re-render）时，method 调用方式将总是再次执行函数。

```
1. <div id="app">    {{ now() }}</div>
2. <script>
3.  new Vue({
4.    el: '#app',
5.    methods: {
6.       now: function () {
7.            return Date.now()
8.        }
9.     }
10. });
11.</script>
```

（2）数据绑定

Vue.js 的核心是一个响应式的数据绑定系统，建立绑定后，DOM 将和数据保持同步，而无须手动维护 DOM，使代码更加简洁易懂、提升效率。

① 文本插值。

数据绑定的基础形式就是文本插值，通过 data 属性定义数据，使用 {{}} 标签在实例对应的模板中进行绑定并使用。

```
<span>Hello,{{name}}</span>
```

Vue.js 实例 vm 中 name 属性值会替换 {{}} 标签中的 name，并且修改数据对象中的 name 属性，DOM 也会随之更新。

② HTML 插值。

{{}} 将数据中的 HTML 转为纯文本后再进行插值，使用 v-html 输出 HTML 代码。

```
1. <div id="app">
2.<div v-html="title"></div>
3.</div>
4.<script>
5. var vm=new Vue({
6.    el: "#app",
7.    data: {
8.       title: "<h1>Vue.js</h1>"
9.    }
10.});
11.</script>
```

③属性绑定。

在 Vue 模板中的 HTML 属性上不能使用 {{}} 语法。HTML 属性中的值应使用 v-bind 指令。

```
1.<div id="app">
2.<div v-bind:title="title">Content</div>
```

```
3.</div>
4.<script>
5. var vm = new Vue({
6.   el: "#app",
7.   data: {
8.     title: "Vue.js"
9.   }
10.});
11.</script>
```

④ 表达式绑定。

放在 {{}}Mustache 标签内的文本内容称为绑定表达式。除了直接输出属性外，一般绑定表达式可以由一个简单的 JavaScript 表达式和可选的一个或多个过滤器构成。

```
1.<div id="app">
2.{{status?" 是 ":" 否 "}}
3.<div v-bind:title="status?' 是 ':' 否 '">Content</div>
4.</div>
5.<script>
6.  var vm=new Vue({
7.    el: "#app",
8.    data:{
9.      status:true
10.    }
11.  });
12.</script>
```

注意：每个绑定中只能包含单个表达式，并不支持 JavaScript 语句，否则就会抛出异常，并且表达式中不支持正则表达式，如需要进行复杂的转换，可以使用过滤器或计算属性来进行处理。

⑤ 过滤器。

Vue.js 允许在表达式后添加可选的过滤器，以管道符 "|" 指示。Vue.js 1.0 中内置了 10 个过滤器。

- Capitalize：字符串首字符转化为大写。
- Uppercase：字符串转化成大写。
- Lowercase：字符串转化成小写。
- Currency：参数为 {String}[ 货币符号 ],{Number} [ 小数位 ]，将数字转化成货币符号，并且会自动添加数字分节号。
- Pluralize：参数为 {String} single, [double, triple]，字符串复数化。如果接收的是一个参数，那复数形式就是在字符串末尾直接加一个 s。如果接收多个参数，则会被当成数组处理，字符串会添加对应数组下标的值。如果字符串的个数多于参数个数，多出部分都会添加最后一个参数的值。
- Json：参数为 {Number}[indent] 空格缩进数，与 JSON.stringify() 作用相同，将 Json 对象数据输出成符合 JSON 格式的字符串。
- debounce：传入值必须是函数，参数可选，为 {Number}[wait]，即延时时长。作用是当调用函数 n 毫秒后，才会执行该动作；若在这 n 毫秒内又调用此动作，则重新计算执行时间。
- limitBy：传入值必须是数组，参数为 {Number}limit, {Number}[offset]，limit 为显示个数，offset 为开始显示数组下标。

● filterBy：传入值必须是数组，参数为 {String | Function} targetStringOrFunction，即需要匹配的字符串或函数（通过函数返回值为 true 或 false 来判断匹配结果）；in（可选分隔符）；{String}[…searchKeys]，为检索的属性区域。

● orderBy：传入值必须是数组，参数为 {String|Array|Function}sortKeys，即指定排序策略。这里可以使用单个键名，也可以传入包含多个排序键名的数组。也可以像 Array.Sort() 那样传入自己的排序策略函数。第二个参数为可选参数 {String}[order]，即选择升序或降序，order≥0 为升序，order<0 为降序。

使用示例：{{name|uppercase}} 将 name 传入给 uppercase 内置过滤器，返回大写值。但 Vue.js 2.0 中已经去除了内置的过滤器，但可以使用全局方法 Vue.filter() 注册一个自定义过滤器，接收过滤 ID 和过滤函数两个参数。

过滤器注册语法格式：

```
Vue.filter(id,[definition])
```

本文以日期格式过滤为例，具体方法如下：

引入 moment.js：

```
1. npm install-S moment
2. import Vue from 'vue'
3. import moment from 'moment'
```

注册过滤器：

```
1. Vue.filter('datefmt', function (input, fmtstring) {
2.    return moment(input).format(fmtstring);
3. });
```

过滤器使用：

```
1. new Vue({
2.    el: '#app',
3.    data: {
4.      now: new Date()
5.    }
6.})
7.{{ now | datefmt('YYYY-MM-DD HH:mm:ss')}}
```

（3）内置指令

指令是 Vue.js 中一个重要的特性，主要提供了一种机制将数据的变化映射为 DOM 行为，当数据变化时，指令会依据设定好的操作对 DOM 进行修改，这样用户就可以只关注数据的变化，而不用去管理 DOM 的变化和状态，使逻辑更加清晰，可维护性量更好。Vue.js 本身提供了大量的内置指令来进行 DOM 操作，用户也可以自定义指令。

① v-bind：主要用于动态绑定 DOM 元素属性，即元素实际的值是由 vm 实例中的 data 属性提供的。

```
1. <div id="app">
2. <a v-bind:href="url"> 百度链接 </a>
3. </div>
4. <script>
5.   var vm = new Vue({
```

```
6.    el: "#app",
7.    data: {
8.       url: "https://www.baidu.com"
9.    }
10. });
11.</script>
```

上述例子中，v-bind 可以简写为 <a:href='url';>。

② v-model：对表单元素进行双向数据绑定，在修改表单元素值的同时，实例 vm 中对应的属性值也同时更新。主要应用如下：

Text 绑定：

```
1. < input type="text" v-model=" UserName"/>
2. <span>your input is :{{UserName}}</span>
```

当用户在输入框中改变文本内容时，显示内容也自动随之变化。

Radio 绑定：

```
1. <label><input type="radio"  value="male" v-model="gender"> 男 </label>
2. <label><input type="radio"  value="female" v-model="gender">女 </label>
3. <p>{{gender}}</p>
```

Checkbox 绑定：

```
1. <div id="app">
2. <p> 单个复选框：</p>
3. <input type="checkbox" id="checkbox" v-model="checked">
4. <label for="checkbox">{{ checked }}</label>
5. <p> 多个复选框：</p>
6.    <input type="checkbox" id="apple" value=" 苹果 " v-model="checkedNames">
7. <label for="runoob"> 苹果 </label>
8.    <input type="checkbox" id="orange" value="橙子" v-model="checkedNames">
9. <label for="google"> 橙子 </label>
10.    <input type="checkbox" id="grape" value=" 葡萄 " v-model="checkedNames">
11. <label for="taobao"> 葡萄 </label>
12. <br>
13. <span> 选择的值为 ：{{ checkedNames }}</span>
14. </div>
15. <script>
16.   new Vue({
17.       el: '#app',
18.       data: {
19.          checked : false,
20.          checkedNames: []
21.       }
22.   })
23.</script>
```

上述程序运行结果如图 4-14 所示。

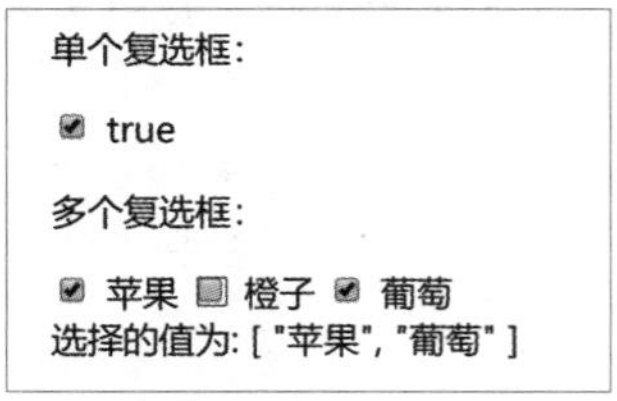

select 绑定：

图 4-14　运行结果

58

```
1.  <div id="app">
2.  <select v-model="selected" name="fruit">
3.  <option value="">请选择</option>
4.  <option value="语文">chinese</option>
5.  <option value="数学">math</option>
6.  <option value="音乐">music</option>
7.  <option value="英语">english</option>
8.  </select>
9.    <div id="output">
10.     你的选择是：{{selected}}
11.     </div>
12. </div>
13. <script>
14.     new Vue({
15.         el: '#app',
16.         data: {
17.             selected: ''
18.         }
19.     })
20. </script>
```

上述程序运行结果如图 4-15 所示。

③ v-if/v-else/v-else-if。

v-if：在元素和 template 中使用 v-if 指令。

v-else：给 v-if 添加一个 else 块。

v-else-if：用作 v-if 的 else-if 块。

```
chinese ▼
你的选择是: 语文
```

图 4-15　select 运行结果

```
1.  <div id="app">
2.  <div v-if="type === 'A'">A
3.  </div>
4.  <div v-else-if="type === 'B'">B
5.  </div>
6.  <div v-else-if="type === 'C'">C
7.  </div>
8.  <div v-else>
9.      Not A/B/C
10. </div>
11. </div>
12. <script>
13.     new Vue({
14.         el: '#app',
15.         data: {
16.             type: 'C'
17.         }
18.     })
19. </script>
```

④ v-show：根据条件展示元素。

```
1.  <div id="app">
2.  <h1 v-show="ok">Hello!</h1>
3.  </div>
4.  <script>
```

```
5.    new Vue({
6.      el: '#app',
7.      data: {
8.        ok: false
9.      }
10.  })
11.</script>
```

⑤ v-for：可以绑定数据到数组来渲染一个列表。

```
1. <div id="app">
2. <ol>
3. <li v-for="s in students">
4.      {{ s.name }}
5. </li>
6. </ol>
7. </div>
8. <script>
9.    new Vue({
10.      el: '#app',
12.      data: {
13.        students: [{name: 'Mary'},{name: 'Daisy'},{name: 'Rose'}]
14.      }
15.  })
16. </script>
```

上述程序运行结果如图 4-16 所示。

⑥ v-on：完成事件监听，接收一个已定义的方法调用。

```
1. <div id="app">
2. <button v-on:click="say('hi')">Say hi</button>
3. <button v-on:click="say('what')">Say what</button>
4. </div>
5. <script>
6. new Vue({
7.   el: '#app',
8.   methods: {
9.     say: function (message) {
10.         alert(message)
11.    }
12.  }
13. })
14. </script>
```

上述程序运行结果如图 4-17 所示。

图 4-16　v-for 程序运行结果

图 4-17　v-on 运行结果

（4）组件

组件是 Vue.js 最强大的功能之一。组件可以扩展 HTML 元素，封装可重用的代码。组件系统可以用独立可复用的小组件来构建大型应用，几乎任意类型的应用界面都可以抽象为一个组件树。

注册一个全局组件的语法格式如下：

```
Vue.component(tagName,options)
```

其中，tagName 为组件名，options 为配置选项。注册后，可以使用以下方式来调用组件：

```
<tagName></tagName>
```

① 全局组件：所有实例都能用全局组件。

```
1.  <div id="app">
2.  <runoob></runoob>
3.  </div>
4.  <script>
5.  // 注册
6.    Vue.component('runoob', {
7.        template: '<h1> 自定义组件 !</h1>'
8.    })
9.    // 创建根实例
10.   new Vue({
11.       el: '#app'
12.   })
13. </script>
```

② 局部组件：实例选项中注册局部组件，组件只能在这个实例中使用。

```
1.  <div id="app">
2.  <test></test>
3.  </div>
4.  <script>
5.  var Child={
6.      template: '<h1> 自定义组件 !</h1>'
7.  }
8.  // 创建根实例
9.  new Vue({
10.     el: '#app',
11.     components: {
12.         'test': Child   //<test> 将只在父模板可用
13.     }
14. })
15. </script>
```

③ prop：父组件用来传递数据的一个自定义属性。组件的数据需要通过 props 把数据传给子组件，子组件需要显式地用 props 选项声明 "prop".

```
1.  <div id="app">
2.  <child message="hello!"></child>
3.  </div>
4.  <script>
5.  // 注册
```

```
6.  Vue.component('child', {
7.    props: ['message'],                    // 声明 props
8.    template: '<span>{{ message }}</span>'// 同样可以在 vm 实例中像 "this.
message" 这样使用
9.  })
10. new Vue({                                // 创建根实例
11.     el: '#app'
12. })
13. </script>
```

④ 动态 prop：类似于用 v-bind 绑定 HTML 特性到一个表达式，可以用 v-bind 动态绑定 props 的值到父组件的数据中。每当父组件的数据变化时，该变化也会传导给子组件。

```
1.  <div id="app">
2.  <div>
3.  <input v-model="parentMsg">
4.  <br>
5.  <child v-bind:message="parentMsg"></child>
6.  </div>
7.  </div>
8.  <script>
9.  // 注册
10. Vue.component('child', {
11.     props: ['message'], // 声明 props
12.     template: '<span>{{ message }}</span>'
13.      // 同样可以在 vm 实例中像 "this.message" 这样使用
14. })
15.         // 创建根实例
16.  new Vue({
17.    el: '#app',
18.    data: { parentMsg: '父组件内容'  }
19.  })
20. </script>
```

⑤ prop 验证：

组件可以为 props 指定验证要求。为了定制 prop 的验证方式，可以为 props 中的值提供一个带有验证需求的对象，而不是一个字符串数组。

```
1.  Vue.component('my-component', {
2.    props: {
3.      propA: Number, // 基础的类型检查 (null 和 undefined 会通过任何类型验证)
4.      propB: [String, Number], // 多个可能的类型
5.      propC: {// 必填的字符串
6.          type: String,
7.          required: true
8.      },
9.      propD: {// 带有默认值的数字
10.         type: Number,
11.         default: 100
12.     },
13.     propE: {// 带有默认值的对象
14.         type: Object,
```

```
15.        default: function () {// 对象或数组默认值必须从一个工厂函数获取
16.            return { message: 'hello' }
17.        }
18.      },
19.      propF: {
20.        validator: function (value) {
21.          return ['success', 'warning', 'danger'].indexOf(value) !== -1
22.          // 这个值必须匹配上述字符串中的一个
23.        }
24.      }
25.    }
26.})
```

当 prop 验证失败时，Vue（开发环境构建版本）将会产生一个控制台警告。

⑥ data：在组件中必须是一个函数，每个实例可以维护一份被返回对象的独立的副本，如果 data 是一个对象则会影响到其他实例。

```
1. <div id="components-demo3" class="demo">
2. <button-counter2></button-counter2>
3. <button-counter2></button-counter2>
4. <button-counter2></button-counter2>
5. </div>
6. <script>
7. var buttonCounter2Data = {
8.    count: 0
9. }
10. Vue.component('button-counter2', {
11.    data: function () {
12.      //data 选项是一个对象，会影响到其他实例
13.      return buttonCounter2Data
14. },
15.    template: '<button v-on:click="count++">点击了 {{ count }} 次。</button>'
16. })
17. new Vue({ el: '#components-demo3' })
18. </script>
```

上述程序运行结果如图 4-18 所示。

图 4-18　程序运行结果

## 5. 常用插件

（1）Element-ui

Element-ui 是一个 ui 库，它不依赖于 Vue，但是当前和 Vue 配合做项目开发的一个比较好的 ui 框架。

① npm 安装。推荐使用 npm 的方式安装，它能更好地和 webpack 打包工具配合使用。

```
npm i element-ui-S
```

② 引入 Element。

```
1. import Vue from 'vue';
2. import ElementUI from 'element-ui';
3. import 'element-ui/lib/theme-chalk/index.css';
4. import App from './App.vue';
5. Vue.use(ElementUI);
6. new Vue({
7.   el: '#app',
8.   render: h => h(App)
9. });
```

**注意**：样式文件需要单独引入，如第 3 行代码所示。

对于 Element-ui 的相关内容，可进入官网 https://element.eleme.cn/#/zh-CN/component/border 进行学习，此处不作详细介绍。

（2）Vue-router

Vue-router 路由给 Vue.js 提供路由管理的插件，利用 hash 变化控制动态组件的切换。它允许用户通过不同的 URL 访问不同的内容。它向服务器端发送一个请求，服务器响应后根据所接收到的信息去获取信息和指派对应的模板，渲染成 HTML 再返回给浏览器，解析成可见的页面。

① 安装。使用 npm 命令可完成安装。

```
Npm install vue-router
```

② 引入。

```
1. import Vue from 'vue'
2. import router from './router'
3. Vue.use(vueRouter)
```

③ 基本用法。Vue-router 的基本作用就是将每个路径映射到对应的组件，并通过修改路由进行组件间的切换常规路径则为在当前 url 路径后面加上 #/path，path 即为设定的前端路由路径。

```
1. <div id="app">
2. <h1>Router-Example!</h1>
3. <p>
4.     <router-link to="/first">First</router-link>
5.     <router-link to="/second">Second</router-link>
6. </p>
7.     <router-view></router-view>
8. </div>
9. <script>
10. const first={ template: '<div>First</div>' }
11. const second={ template: '<div>Second</div>' }
12. const routes=[
13.     { path: '/first', component: first },
14.     { path: '/second', component: second }
15. ]
16. const router=new VueRouter({
17.         routes // （缩写）相当于 routes: routes
18. })
```

```
19. const app=new Vue({
20.     router
21. }).$mount('#app')
22. </script>
```

代码说明：

第 4、5 行：使用 router-link 组件来导航，通过传入 to 属性指定链接。

第 7、8 行：路由匹配到的组件将渲染在这里。

第 10、11 行：定义组件，也可以从其他文件 import 进来。

第 12 ~ 15 行：定义路由，每个路由应该映射一个组件，其中 component 可以是通过 vue.extend() 创建的组件构造器，也可以只是一个组件配置对象。

第 16 ~ 18 行：创建 router 实例，然后传入 routes 配置。

第 19 ~ 21 行：创建和挂载根实例，要通过 router 配置参数注入路由。

这个程序运行结果如图 4-19 所示。

④ <router-link> 相关属性。to 表示目标路由的链接。当被点击后，内部会立刻把 to 的值传到 router.push()，所以这个值可以是一个字符串或者是描述目标位置的对象。

| Router-Example! | Router-Example! |
|---|---|
| First Second | First Second |
| First | Second |

图 4-19　运行结果

```
1.  <!-- 字符串 -->
2.  <router-link to="home">Home</router-link>
3.  <!-- 渲染结果 -->
4.  <a href="home">Home</a>
5.  <!-- 使用 v-bind 的 JS 表达式 -->
6.  <router-link v-bind:to="'home'">Home</router-link>
7.  <!-- 不写 v-bind 也可以，就像绑定别的属性一样 -->
8.  <router-link :to="'home'">Home</router-link>
9.  <!-- 同上 -->
10. <router-link :to="{path: 'home'}">Home</router-link>
11. <!-- 命名的路由 -->
12. <router-link :to="{name: 'user', params:{userId: 123 }}">User</router-link>
13. <!-- 带查询参数，下面的结果为 /register?plan=private-->
14.<router-link:to="{path:'register',query:{plan:'private'}}">Register</router-link>
```

（3）Axios

Vue 自 2.0 开始，vue-resource 不再作为官方推荐的 Ajax 方案，转而推荐使用 Axios。Axios 是基于 Promise 的 HTTP 请求客户端，可同时在浏览器和 Node.js 中使用，和其他 Ajax 库都是很类似的。它本身具有以下特征：

● 从浏览器中创建 XMLHttpRequest。

● 从 Node.js 发出 HTTP 请求。

● 支持 Promise API。

● 拦截请求和响应。

● 转换请求和响应数据。

● 取消请求。

大数据可视化应用开发

- 自动转换 JSON 数据。
- 客户端支持防止 CSRF/XSRF。

① 引入方式。

```
$ npm install axios
```

② 执行 GET 请求。

```
1.  axios.get('/user?ID=12345')
2.  .then(function (response) {
3.      console.log(response);
4.  })
5.  .catch(function (error) {
6.      console.log(error);
7.  });
8.  axios.get('/user', {
9.      params: {// 也可以通过 params 对象传递参数
10.       ID: 12345
11.      }
12. })
13. .then(function (response) {
14.      console.log(response);
15. })
16. .catch(function (error) {
17.      console.log(error);
18. });
```

③ 执行 POST 请求。

```
1.  axios.post('/user', {
2.      firstName: 'Fred',
3.      lastName: 'Flintstone'
4.  })
5.  .then(function (response) {
6.      console.log(response);
7.  })
8.  .catch(function (error) {
9.      console.log(error);
10. });
```

## 任务 4.1  搭建 Vue 开发环境

### 1. 任务描述

搭建 Vue 环境的方法有 3 种，因为用 Vue.js 构建大型应用时推荐使用 npm 安装方法，因此本任务介绍使用 npm 完成 Vue 环境安装及新建项目的方法。

### 2. 任务分析

使用 npm 进行环境的开发和运行，学会使用 Vue-Cli 来搭建项目。

### 3. 任务实施

（1）Node.js 的安装与配置

Node.js 是一个基于 Chrome's JavaScript runtime 的可以快速构建网络应用的平台，提供了一种"语言级"高度的开发模式，是一种新思维，能够从服务端把数据主动推送给用户，可以帮助人们迅速建立 Web 站点。Node.js 允许在 Web 浏览器之外编译和运行 JavaScript 代码，这大大增加了 JavaScript 的使用次数。本任务中介绍了 Node.js 的安装与配置。

① Node.js 获取。进入 Node.js 的官方网站 http://nodejs.org（如图 4-20 所示），单击导航栏中的 DOWNLOADS 标签进入下载页面，选择相应操作系统及计算机的位数对应的安装文件（如图 4-21 所示），单击进行下载。

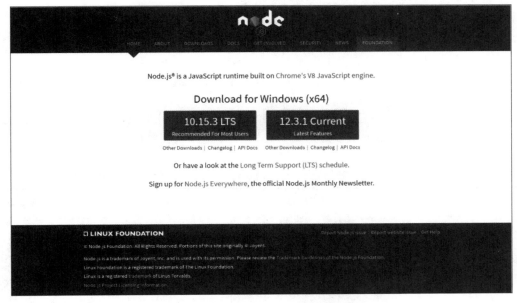

图 4-20　Node.js 官方网站首页

图 4-21　Node.js 下载页面

② Node.js 安装。双击已下载的安装文件，连续单击 Next 按钮即可完成安装，如图 4-22 ～ 图 4-27 所示。

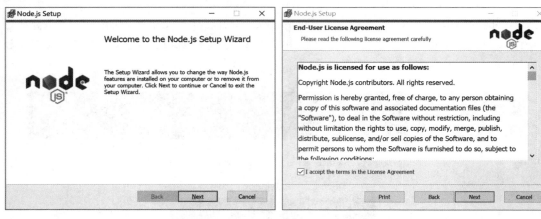

图 4-22　Node.js 安装步骤 1　　　　　　　图 4-23　Node.js 安装步骤 2

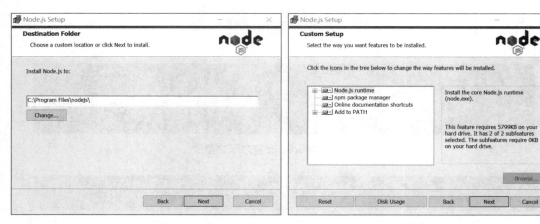

图 4-24　Node.js 安装步骤 3　　　　　　　图 4-25　Node.js 安装步骤 4

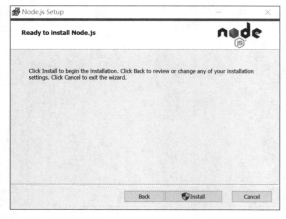

图 4-26　Node.js 安装步骤 5　　　　　　　图 4-27　Node.js 完成安装

安装完成后，在 DOS 的任意目录下，使用命令 node-v 可查看当前版本，如果能够正确看到版本号（见图 4-28），则说明已经安装成功。

图 4-28　Node.js 版本号查看

③ Node.js 配置。安装完成后，Node.js 默认的路径为 C:\Program Files\nodejs，该目录下 node.exe 是命令 node 的主要执行文件。在 Noed.js 安装时，会随同一起安装包管理和分发工具。npm（Nodejs Package Manager），可让用户下载和安装 JavaScript 库和包，就如同 Linux 中的 yum 仓库，rpm 包管理、Python 中的 pip 包管理工具一样。这些包管理工具都是予以用户方便，同时解决各种包依赖之间的关系的，它基本上是 Node.js 应用程序的依赖管理器，其下载安装的包存放在 node.modules 中。

npm 是和 Node.js 并存的，只要安装了 Node.js，npm 也就安装好了。模块 npm 是一个可以在任意目录下执行的命令，可使用命令来查看、安装和卸载。

使用 npm-v 命令查看当前版本，如图 4-29 所示。

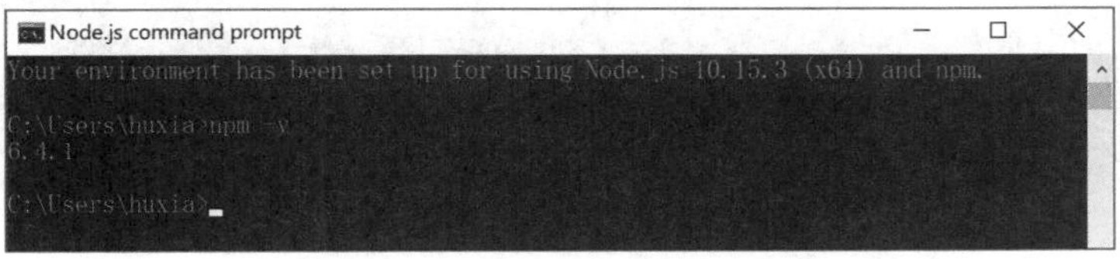

图 4-29　查看 npm 版本

使用 npm-h 命令查看帮助，如图 4-30 所示。

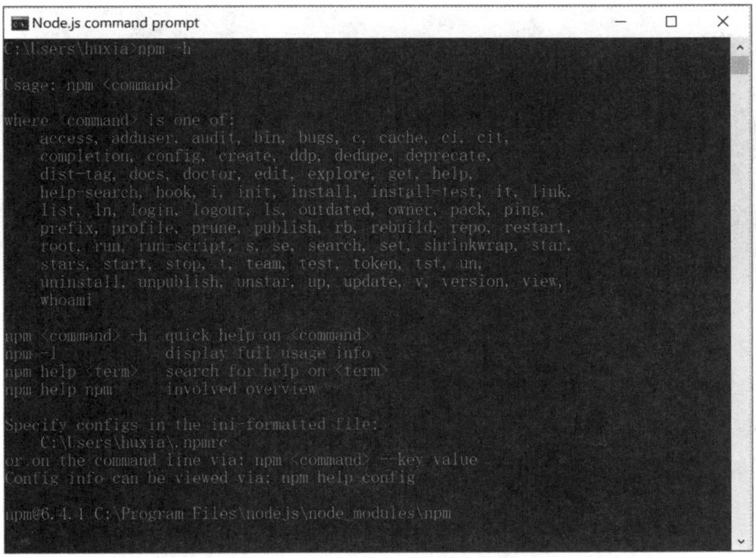

图 4-30　查看帮助

使用 npm list 命令查看已安装的功能，如图 4-31 所示。

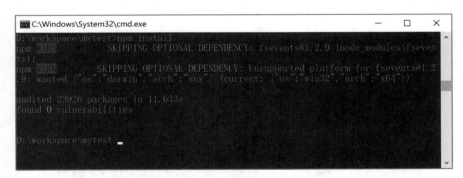

图 4-31　查看已安装的功能

使用 npm install 命令安装下载依赖项，如图 4-32 所示。

图 4-32　安装下载依赖项

（2）设置 nodejs prefix（全局）和 cache（缓存）路径

nodejs 安装好之后，通过 npm 下载全局模块默认安装到 {%USERDATA%}C:\Users\username\AppData\ 下的 Roaming\npm 下，为了便于管理，设置路径把 npm 安装的模块集中在一起。

① 在 node.js 安装路径下，新建 node_global 和 node_cache 两个文件夹，如图 4-33 所示。

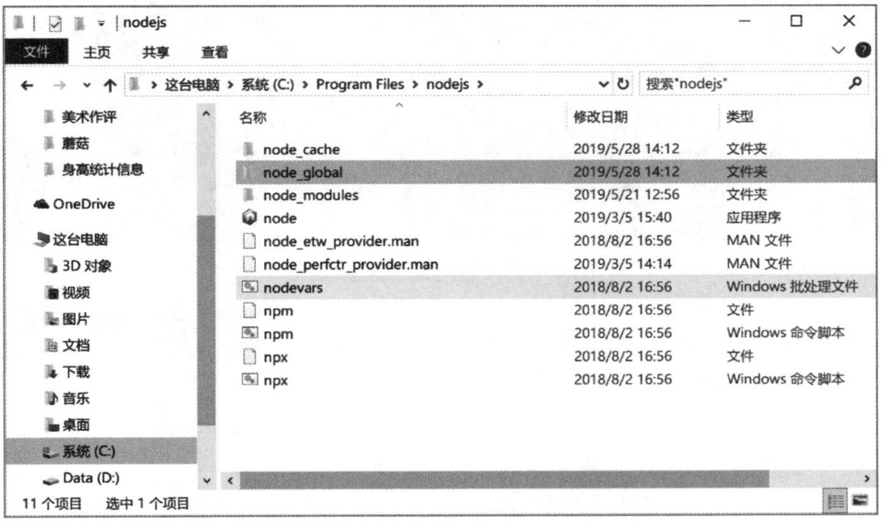

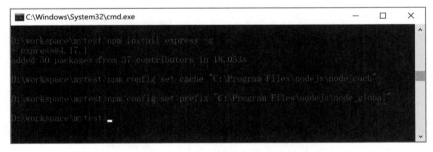

图 4-33　项目目录文件

② 设置缓存文件夹。

```
npm config set cache " C:\Program Files\nodejs\node_cache"
```

③ 设置全局模块存放路径，如图 4-34 所示。

```
npm config set prefix " C:\Program Files\nodejs\ node_global"
```

图 4-34　设置缓存文件夹

设置成功后，再使用命令"npm install 项目名称 -g"安装，之后模块就会存放在 C:\Program Files \nodejs\node_global 中。

（3）基于 Node.js 安装 cnpm

使用淘宝镜像安装，如图 4-35 所示。

```
npm install -g cnpm --registry=https://registry.npm.taobao.org
```

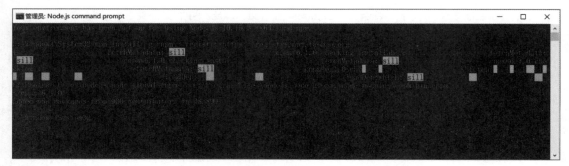

图 4-35　使用淘宝镜像安装

注意：由于国内使用 npm 会很慢，这里推荐使用淘宝 npm 镜像（http://npm.taobao.org/），如果出现错误，可试着使用管理员身份运行。

（4）设置环境变量

① 右击"电脑"图标，在快捷菜单中选择"属性"命令，如图 4-36 所示。在弹出的"系统"对话框左侧选择"高级系统设置"，如图 4-37 所示。在弹出的"系统属性"对话框中单击"性能"区域的"设置"按钮，如图 4-38 所示。

② 修改系统变量 PATH，加入 Node.js 的安装目录，如图 4-39 所示。

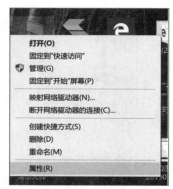

图 4-36　计算机属性

图 4-37　高级系统设置

图 4-38　"系统属性"对话框

图 4-39　添加环境变量

③ 新增系统变量 NODE_PATH= 安装目录下的 node_modules，如图 4-40 所示。

图 4-40　添加环境变量 NODE_PATH

（5）安装 Vue

```
cnpm install vue -g
```

使用上述命令安装 Vue，结果如图 4-41 所示。

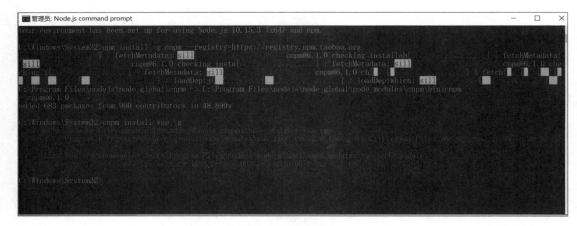

图 4-41　安装 Vue

（6）搭建脚手架

```
cnpm install @vue/cli -g
```

使用上述命令搭建脚手架，结果如图 4-42 所示。

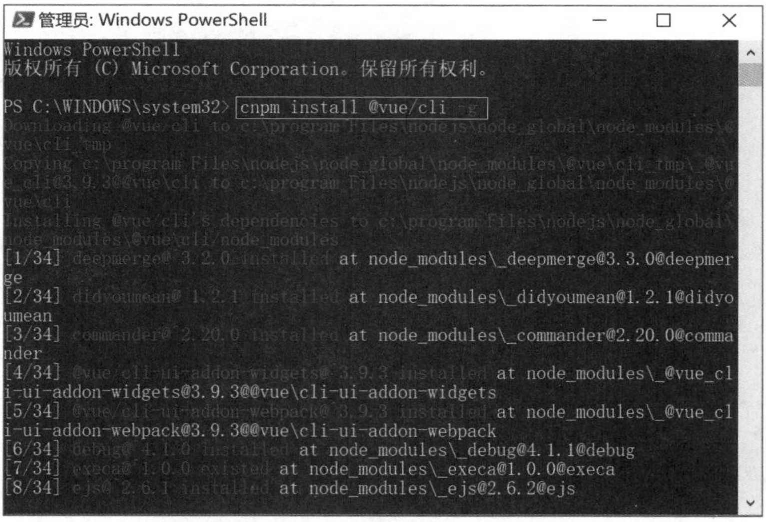

图 4-42　搭建脚手架

到此，Vue 环境的安装完成。

（7）新项目的创建

搭建完脚手架之后，要开始创建一个新项目。建议尽量不要创建在 C 盘，因为 Vue 下载下来的文件比较大。如果要改盘，可在 DOS 下进入项目目录。本例项目创建在 D:\workspace 目录下，操作步骤如下：

① 创建一个基于 webpack 模板的新项目。在 D:\workspace 文件夹下打开命令窗口，输入以下命令新建项目，项目名称之为 newenergy，如图 4-43 所示。

```
vue init webpack newenergy
```

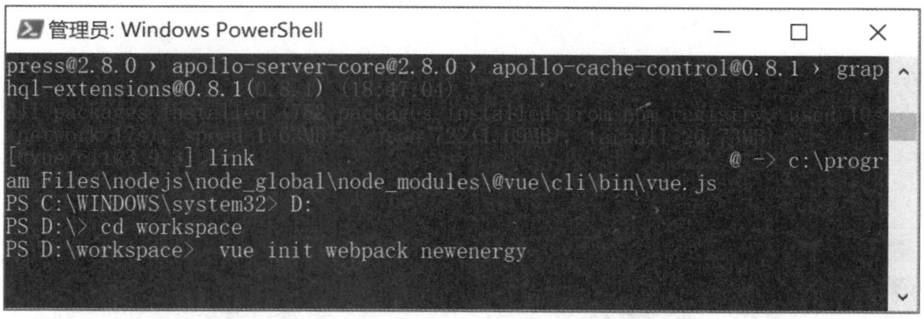

图 4-43　使用 webpack 创建项目

② 输入项目名称，如图 4-44 所示。

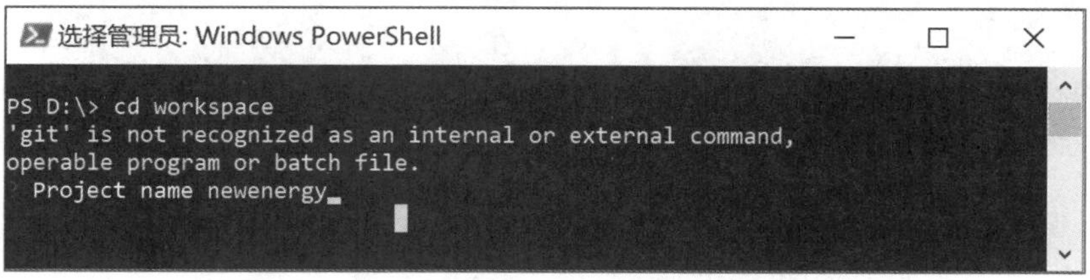

图 4-44　输入项目名称

③ 输入项目描述，如图 4-45 所示。

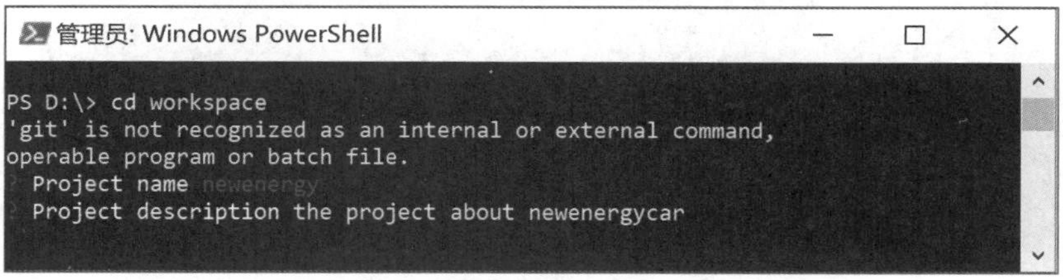

图 4-45　输入项目描述

④ 输入项目设计者作者信息，如图 4-46 所示。

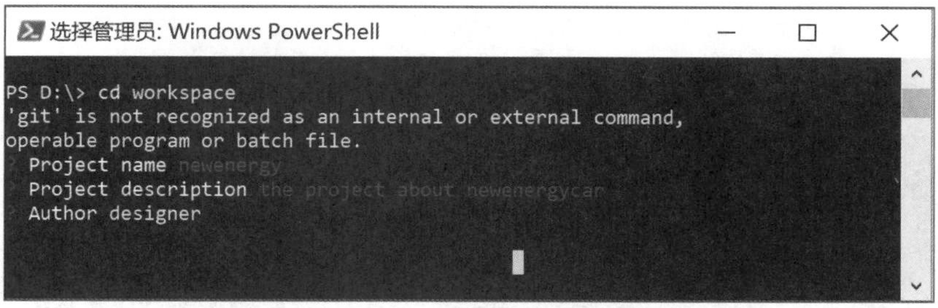

图 4-46　输入项目设计者信息

⑤ 选择 Vue build 打包方式。

● Runtime Only：通常需要借助如 webpack 的 vue-loader 工具把 .vue 文件编译成 JavaScript，

因为是在编译阶段做的，所以它只包含运行时的 Vue.js 代码，因此代码体积也会更轻量。此方式下运行时是不带编译的，编译是在离线时做的。

- Runtime+Compiler：全功能的 Vue，运行时进行编译，本项目中选择了该选项，如图 4-47 所示。

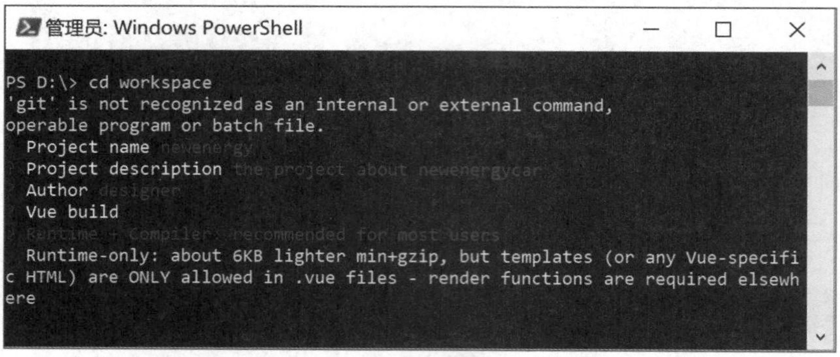

图 4-47　Vue build 打包方式

⑥ 选择是否安装路由，如图 4-48 所示。

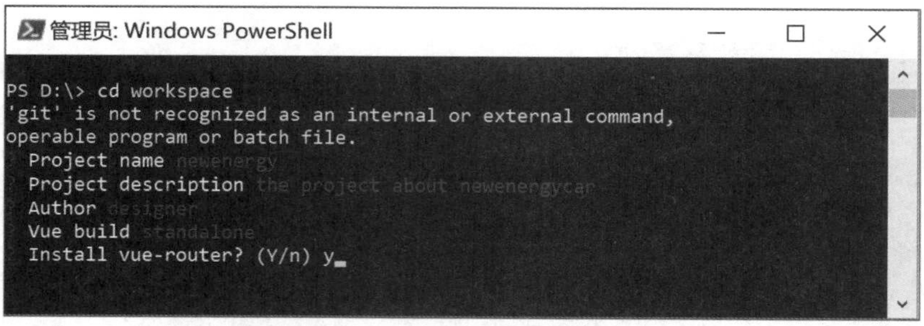

图 4-48　选择是否安装路由

⑦ 选择是否使用校验插件。Eslint 是一个 Javascript 校验插件，通常用来校验语法或代码的书写风格。Eslint 可以用来规范开发人员的代码，但会对缩进、空格、空白行等也有规范。如果对代码比较熟悉可以选择关闭 Eslint 校验。此处选择了关闭，如图 4-49 所示。

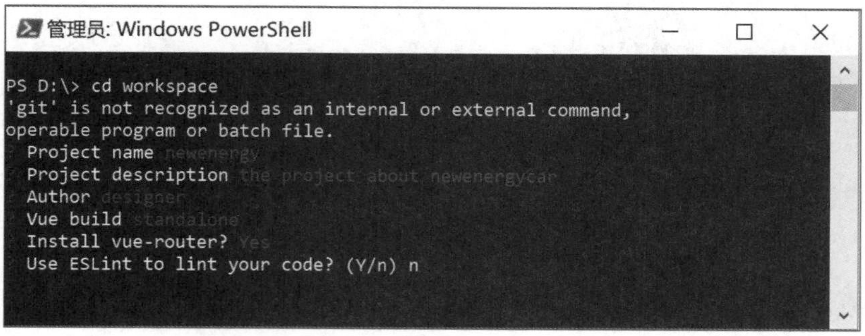

图 4-49　关闭 Eslint 校验

⑧ 选择是否安装单元测试，如图 4-50 所示。

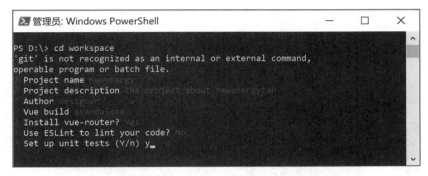

图 4-50　选择是否安装单元测试

⑨ 选择单元测试运行器，如图 4-51 所示。

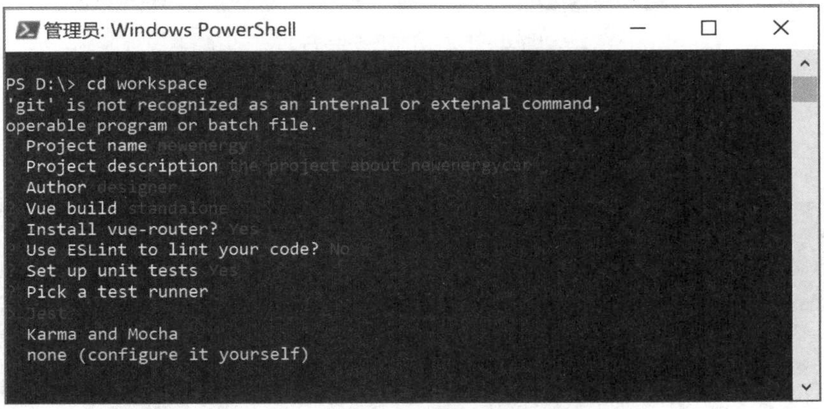

图 4-51　选择单元测试运行器

⑩ 选择是否安装 e2e 测试，如图 4-52 所示。

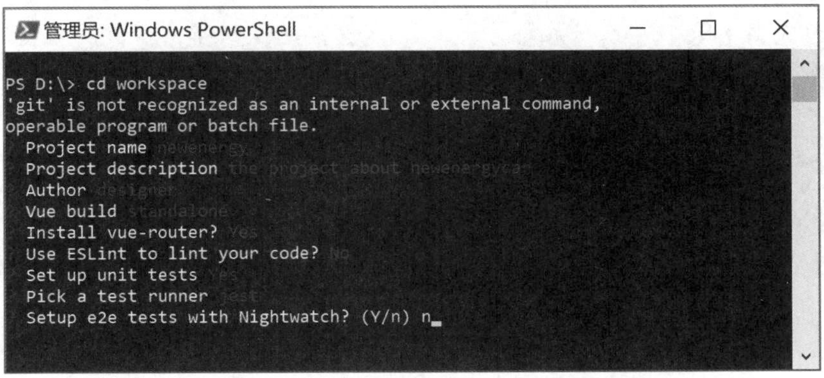

图 4-52　选择是否安装 e2e 测试

⑪ 选择安装方式，此处选择 npm 方式，如图 4-53 所示。

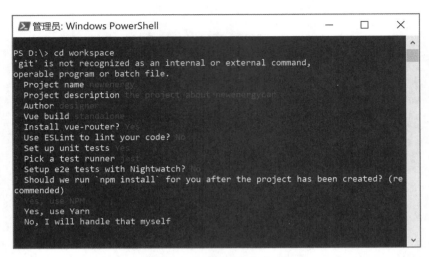

图 4-53　选择安装方式

⑫ 安装完成，运行程序，如图 4-54 所示。

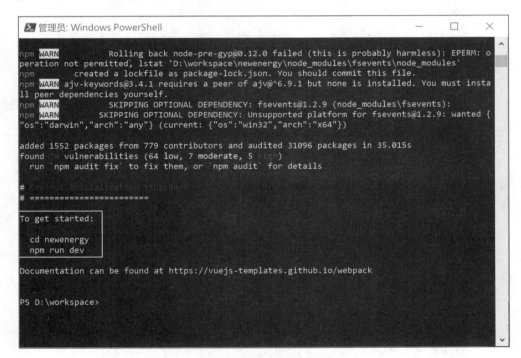

图 4-54　安装成功

安装成功后，界面出现提示，可按照提示的代码启动运行程序，如图 4-55 所示。

- 进入项目所在目录：cd newenergy。
- 输入启动命令运行：npm run dev。

⑬ 运行项目。在浏览器中打开 http://localhost:8080 即可运行项目，运行界面如图 4-56 所示。

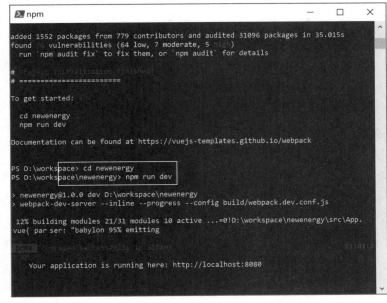

图 4-55　启动项目

图 4-56　运行界面

注意：也可使用 Vue 图形化界面来进行项目管理，在 CMD 窗口输入命令 vue ui 即可进入图形化界面进行管理，如图 4-57 所示，课后可以自行尝试完成。

⑭ 查看项目。新建好项目后，在 webpackProject 项目中主要有以下的文件夹，如图 4-58 所示。

图 4-57　Vue 图形化界面

图 4-58　webpackProject 项目

- build：用于存放 webpack 相关配置和脚本。
- config：主要存放配置文件，用于区分开发环境、测试环境和线上环境。
- node_modules：存放项目开发的依赖模块。
- src：开发项目源码及需要引用的资源文件。

- static：静态资源，图片、字体可以放在这里。

还有一个 index.html 文件，这是首页的入口。src 文件夹下有 App.vue 和 main.js 两个文件，App.vue 就是个组件。

### 4. 同步训练

①在自己的计算机中搭建 Vue 开发环境。

②在计算机的指定目录下创建一个 webpack 项目，并运行该项目。

## 任务 4.2    新能源汽车大数据分析系统路由与组件设计

### 1. 任务描述

与传统的前端页面设计不同，Vue.js 中框架中将应用切割为小而独立、具有复用性的组件，通过第三方插件路由 Router 控制组件的切换，实现单页面应用程序的设计。本任务中对新能源汽车分析系统进行切割，并根据切割的功能创建相应组件，设计路由完成不同组件的切换，从而实现各部分之间切换与动态加载。

### 2. 任务分析

在第 3 单元中，使用传统的 Web 设计方法完成了新能源汽车大数据分析系统的各个 Web 页面的创建，但各页面中顶部及左侧的导航部分大多相同，代码的重复度高，不易维护。根据 Vue 框架构建的原理，通过对各页面分析，可以将本系统分割成耦合度小的相对功能独立的模块，将这些模块构建成组件，通过路由完成进行组件的切换与跳转，从而实现系统的动态加载功能。主要步骤如下：

（1）创建组件

组件具体分割如图 4-59 所示。

图 4-59    组件具体分割

根据第 2 单元的需求分析，本系统组件汇总，如表 4-1 所示。

表 4-1 组件汇总

| 一 级 功 能 | 组 件 功 能 | 组 件 名 称 |
| --- | --- | --- |
| 研发与维护 | 数据大屏 | DataScreen |
| | 统计分析 | DataStatistics |
| | 单车监控 | RealTimeMonitoring |
| | 车辆管理 | VehicleManagement |
| | 用户管理 | UserManagement |
| 车辆销售 | 销售情况 | SaleInfo |
| | 车辆销售 | SaleVehicle |

（2）设计路由

Vue 项目是单面应用程序，也就是说在 Index.html 中存放了整个应用，使用这个唯一页面模拟出一种可以跳转页面的交互感觉。这一切都是由一个非常重要的模块 Vue-Router（路由）来进行处理的，其基本作用就是为每个路径映射到对应的组件，并通过修改路由进行组件间切换。根据前期需要分析，设计路由如表 4-2 所示，用户输入的 URL 都会映射到相应的路由上。

表 4-2 路由设计

| URL | 说 明 | 组 件 |
| --- | --- | --- |
| / | 主页显示 | App、DataScreen |
| / DataScreen | 数据大屏显示 | DataScreen |
| / DataStatistics | 统计分析 | DataStatistics |
| /RealTimeMonitoring | 单车监控 | RealTimeMonitoring |
| / VehicleManagement | 车辆管理 | VehicleManagement |
| / UserManagement | 用户管理 | UserManagement |

**3. 任务实施**

（1）打开项目

① 启动 Visual Studio Code。

② 将任务 4.1 中创建的项目添加到工作区，如图 4-60 所示。

③ 查看项目。打开项目目录所在位置，可以看到以下文件及文件夹，如图 4-61 所示。各个文件夹及文件的作用在技术要点中已经作过介绍，此处不再赘述。

（2）导入项目所用的资源

① 添加页面资源包。将本项目所用到的 CSS 文件及 Image 添加到项目的 assets 文件夹中，所用到的外部资源包添加到 static 中，如图 4-62 所示。

图 4-60　添加项目

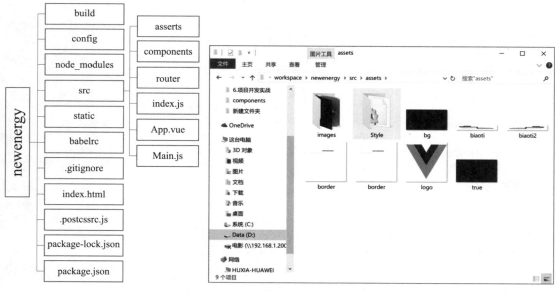

图 4-61　项目文件夹　　　　　　　　图 4-62　assets 文件夹

**注意**：在进行发行正式版时，即进行 npm run build 编译后，assets 下的文件（如 js、css）

都会在 dist 文件夹下面的项目目录中分别合并到一个文件下面去，css、js 等放在 assets 目录下面；static 文件下面的文件则会原封不动地放到 dist 文件夹下面的目录中去，所以第三方插件等放在 static 目录下面，而本地图片等放在 static 目录下面，build 编译后不会出现路径问题，该目录下的文件是不会被 wabpack 处理的，它们会被直接复制到最终的打包目录下面（默认是 dist/static），且必须使用绝对路径来引用这些文件。

② 在 Index.html 中添加对资源的引用。

```
1. <!DOCTYPE html>
2. <html>
3. <head>
4. <meta charset="utf-8">
5. <meta name="viewport" content="width=device-width,initial-scale=1.0">
6. <title>新能源汽车大数据分析</title>
7. <link href="./static/css/bootstrap.min.css"rel="stylesheet"type="text/css"/>
8. <link href="./static/css/essentials.css"rel="stylesheet"type="text/css"/>
9. </head>
10. <body>
11. <div id="app"></div>
12. </body>
13. </html>
```

（3）首页设计

在项目运行中，main.js 作为项目的入口文件，运行中，找到其实例需要挂载的位置，即 index.html 中。开始时，index.html 挂载点处的内容会被显示，但是随后就被实例组件中的模板内容所取代。当页面运行时，有一瞬间显示的是 index.html 中正文的内容，随后会被加载的模板内容所代替，但 index.html 中的 Title 部分不会被取代，会一直保留。

本系统是单页面应用的开发，即所有的应用都存放在 Index.html 中。main.js 是程序的入口点，webpack 创建的项目中已经在 main.js 创建一个 Vue 实例：var vm=new Vue({})，代码如下：

```
1. new Vue({
2.     el: '#app',
3.     router,
4.     components: { App },
5.     template: '<App/>'
6. })
```

上述代码表示将局部组件挂载到 index.html 中 id='#app' 的元素内，这里的局部组件 components: {App} 即是当前目录下的 App.vue。此处的模板就是组件 App.vue 中 template 中的内容。通过设置 App.vue 组件的内容完成首页的设计，主体页面由 3 个 tab 页组成。为了提高前端开发的效率，使用了 UI 框架 element-ui 来帮助完成系统的构建，从而使得前端程序优雅而又简单，如图 4-63 所示。

① 引入及配置 element-ui 组件。

a. 打开命令行工具，指定到当前项目的路径下，输入命令 npm install-save element-ui，如图 4-64 所示。

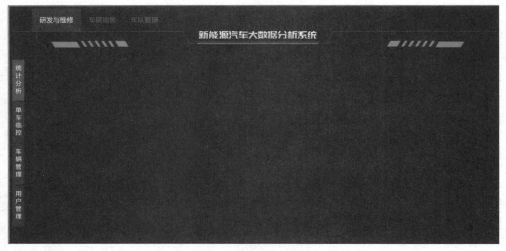

图 4-63  App.vue 设计

图 4-64  安装 element-ui

b. 在项目中 src 目录下找到 main.js，导入 element-ui 组件，代码如下：

```
1. import element from 'element-ui';
2. import 'element-ui/lib/theme-chalk/index.css';
3. Vue.use(element)
```

② 使用 element-ui 完成 App.vue 组件，主要分成 3 种类型的顶级语言块 <template>、<script> 和 <style>，这 3 部分分别代表了 html、js 和 css。打开 App.vue，完成代码设计如下：

```
1.<template>
2.<div id="wrapper">
3.<div style="width:100%">
4.<el-tabs v-model="activeName" id="tabs">
5.<el-tab-pane label=" 研发与维修 " name="first">
6.<div class="title">
7.<img src="./assets/images/logo.png" class="img" />
8.<p class="leftline">
```

```
9.<img src="./assets/images/leftLine.png" alt />
10.</p>
11.<p class="rightline">
12. <img src="./assets/images/rightLine.png" alt />
13.</p>
14.</div>
15.<ul class="menu" ref="singleDom">
16.    <li class="list active"> <a href="#">数据大屏</a> </li>
17.    <li class="list"> <a href="#">统计分析</a> </li>
18.    <li class="list "><a href="#">单车监控</a> </li>
19.    <li class="list"> <a href="#">车辆管理</a></li>
20.    <li class="list"><a href="#">用户管理</a></li>
21.</ul>
22.</el-tab-pane>
23.<el-tab-pane label="车辆销售" name="second">
24.<div class="title">
25.<p style="text-align:center;font-size:24px;color:#fff;margin:0px" >车
辆销售</p>
26.<p class="leftline"><img src="./assets/images/leftLine.png" alt/></p>
27.<p class="rightline"><img src="./assets/images/rightLine.png" alt/></p>
28.</div>
29.<ul class="menu" ref="singleDom">
30.<li class="list active"><a href="#">销售管理</a></li>
31.<li class="list"><a href="#">车辆管理</a></li>
32.</ul>
33.</el-tab-pane>
34.<el-tab-pane label="车队管理" name="third">
35.<div class="title">
36.<p style="text-align:center;font-size:24px;color:#fff;margin:0px">车队
管理</p>
37.<p class="leftline"><img src="./assets/images/leftLine.png" alt=""></p>
38.<p class="rightline"><img src="./assets/images/rightLine.png"
alt=""></p>
39.</div>
40. <ul class="menu" ref="singleDom">
41. <li class="list active">  <a href="#">车辆管理</a>  </li>
42. <li class="list"><a href="#">销售管理</a></li>
43.  </ul>
44.</el-tab-pane>
45.</el-tabs>
46.</div>
47.</div>
48.</template>
49.<script>
50.import "./assets/style/table.css";//本页面所使用CSS样式引入
51.export default {
52.    data() {
53.      return{
54.        activeName: 'first'
55.} } };
56.</script>
```

```
57.<style scoped>
58.html,body {
59.    line-height: inherit;
60.}
61.html,body,#wrapper{
62.   background-image: url('assets/true.png');
63.   width: 100%;
64.   height: 100%;
65.   position: fixed;
66.   background-repeat: no-repeat;
67.   background-size: cover;
68.   -webkit-background-size: cover;
69.   -o-background-size: cover;
70.   background-position: center 0;
71.   overflow-y: auto;
72.}
73..title{
74.   width:100%;
75.   height:55px;
76.   background: url("./assets/images/headerBox.png") no-repeat;
77.   background-size: 100%;
78.   text-align: center;
79.   position: relative;
80.}
81..img{
82.   width: 24%;
83.}
84..leftline {
85.   position: absolute;
86.   top: 10px;
87.   width: 24%;
88.   left: calc(50% - 600px);
89.}
90..rightline {
91.   position: absolute;
92.   top: 10px;
93.   width: 24%;
94.   right: calc(50% - 600px);
95.   z-index: 103;
96.}
97.
98.ul.menu {
99.   padding: 0;
100.   list-style: none;
101.   width: 1.7%;
102.   position: fixed;
103.   height:2%;
104.   top:16%;
105.   font-family: 'Century Gothic';
106.   box-shadow: 0px 0px 25px #00000070;
107.   clear: both;
```

```
108.  display: table;
109.}
110.ul.menu .list {
111.  display:table-cell;
112.  width:2em;
113.  height:7em;
114.  text-align:center;
115.  vertical-align:middle;
116.  float:left;
117.  background: #1c48a5;
118. clear: both;
119. margin-top:2px;
120.  border-bottom: 1px solid #1c48a5;
121.}
122.ul.menu .list a {
123. text-decoration: none;
124. -webkit-writing-mode: vertical-r;
125. writing-mode: vertical-rl;
126. font-size: 1em;
127. height:7em;
128. color: #fff;
129. line-height:1.2em;
130. word-spacing:1.5em;
131. letter-spacing:0.3em;
132. word-break:break-all;
133. cursor:pointer
134.}
135.ul.menu .active{
136.  background-color: #0d78cc;
137.  color: #09fbd2;
138.}
139..icon{
140.  width: 1%;
141.  height: 8%;
142.  position: fixed;
143.  top:46%;
144.  left:1.6%;
145.  background-color: #0d78cc;
146.}
147.</style>
```

代码说明：

第 5 ~ 22 行：研发与维修选项卡设计。

第 23 ~ 33 行：车辆销售选项卡界面设计。

第 34 ~ 44 行：车队管理选项卡设计。

第 50 行：导入本页面所需要使用的 CSS 样式。

第 54 行：设计默认显示的选项号名称为 first，即默认第一个选项卡被显示。

第 57 ~ 147 行：设置本页面所用样式，<style scoped> 中关键字 scoped 表示使用当前设置的样式，不被父组件的样式所更改。

③ 运行应用程序。

在项目目录下启动命令行应用程序，输入命令 npm run dev，命令执行完成后，输入 URL 地址进入首页，如图 4-65 所示。

（4）组件创建

前面介绍过在 Vue 项目中使用单页面应用程序，要实现页面的跳转则是通过组件的切换来实现的，当用户单击左侧导航栏不同的选项时，将在右边的区域切换显示对应的组件。这里以数据大屏组件 DataScreen.vue 创建为例进行介绍。

① 在 src → components 中新建 Vue 文件 DataScreen.vue，创建结果如图 4-66 所示。

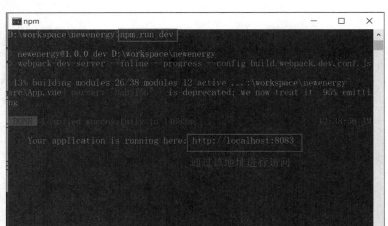

图 4-65　启动运行　　　　　　　　　　图 4-66　创建 DataScreen.vue

② 分别添加 <template></template>、<script></script>、<style></style>，如图 4-67 所示。

图 4-67　数据大屏组件

代码如下：

```
1.<template>
2. <div id="datascreen">
3.     这是数据大屏页面
4. </div>
5.</template>
6.<script>
7.    export default {
8.    }
9.</script>
10.<style scoped>
11.#datascreen {
12.    color: white;
13.    margin-left: 50px;
14.}
15.</style>
```

③使用相同的方法分别创建统计分析（DataStatistics.vue）、单车监控（RealTimeMonitoring.vue）、车辆管理（VehicleManagement.vue）、用户管理（UserManagement.vue），如表 4-3 所示。

（5）路由设计

使用路由可以动态地对各部分进行加载，从而实现单页面应用的页面的切换。Vue.js 使用 Vue-router 插件来控制动态组件的切换。

表 4-3　组件表

| 组 件 功 能 | 组 件 名 称 |
|---|---|
| 数据大屏 | DataScreen |
| 统计分析 | DataStatistics |
| 单车监控 | RealTimeMonitoring |
| 车辆管理 | VehicleManagement |
| 用户管理 | UserManagement |

①路由的安装。在命令行应用程序中，输入命令 npm install vue-router 进行安装，如图 4-68 所示。

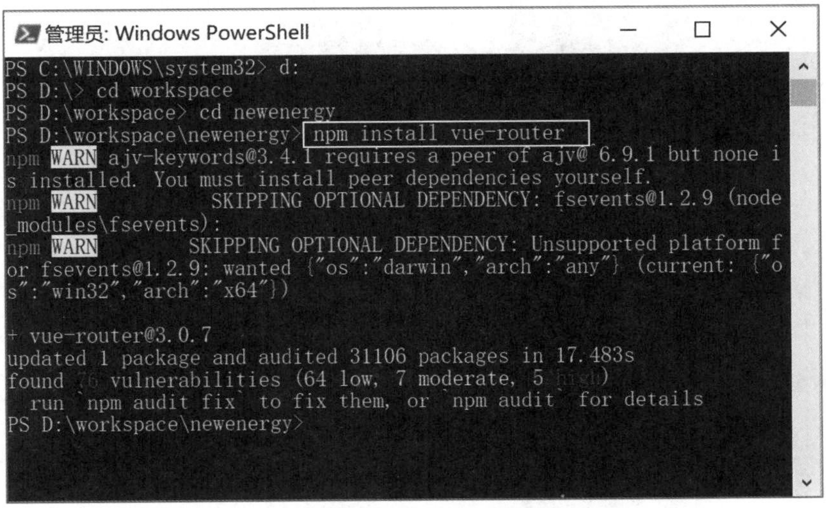

图 4-68　安装路由组件

② 配置及加载路由。

a. 在 main.js 中引入 vue-router。打开 main.js 文件，在文件中引入 vue-router，代码如下，具体如图 4-69 所示。

```
1.import VueRouter from 'vue-router'
2.Vue.use(VueRouter)
```

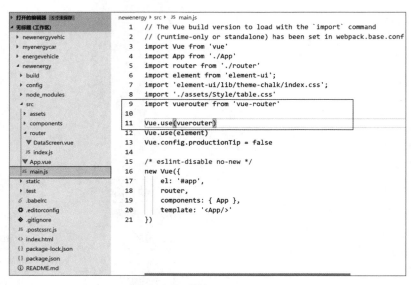

图 4-69　引入 vue-router

b. 根据实例中注册路由。Vue-router 将每个路径映射到对应的组件，常规路径规则为在当前 URL 路径后面加上 #/path，path 即为设定的前端路由路径，根据任务分析中表格完成路由的注册，webpack 项目中路由存放在 router 文件夹下的 index.js 中，打开 index.js 进行路由的配置，代码如图 4-70 所示。

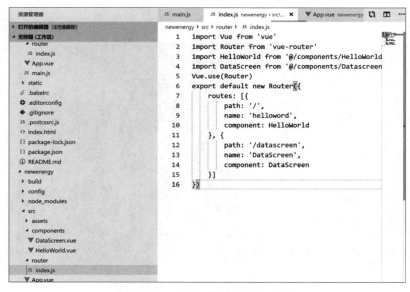

图 4-70　注册"数据大屏"路由

同样方法，设置所有路由，代码如下：

```
1.import Vue from 'vue'
2.import Router from 'vue-router'
3.import HelloWorld from '@/components/HelloWorld'
4.import DataScreen from '@/components/Datascreen'
5.Vue.use(Router)
6.export default new Router({
7.  routes: [{
8.      path: '/',
9.      name:'HelloWorld',
10.      component: HelloWorld
11.  }, {
12.      path: '/datascreen',
13.      name: 'DataScreen',
14.      component: DataScreen
15.  }]
16. })
```

代码说明：

第 8 ~ 10 行：设置默认显示组件为 HelloWorld。

第 12 ~ 14 行：设置跳转链接为 /datascreen 即跳转显示 DataScreen 组件。

③ 实现页面动态跳转。

a. 默认显示组件。在 App.vue 中要给将要显示的组件预留好位置，当发送显示请求时，即可将需要的组件渲染入预留的位置，从而实现组件间动态跳转。在页面需要加载组件的位置放置 <router-view></router-view> 即可将需要的组件加载进来，如未进行请求，默认加载 path: "/" 对应的组件。在 App.vue 中设置需要载入组件的位置，如图 4-71 和图 4-72 所示。

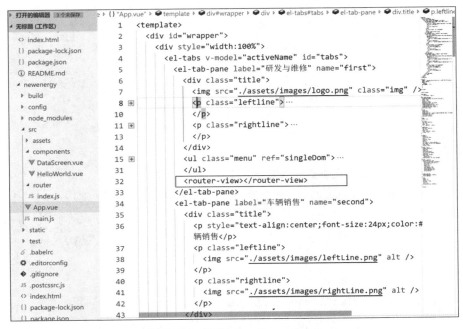

图 4-71　添加 <router-view>

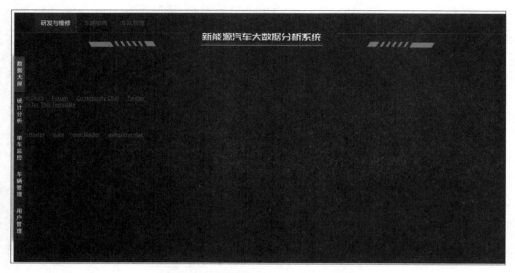

图 4-72　默认显示 Helloword 组件

**注意**：如果要默认显示数据大屏组件，则将"/"对应的组件换为 DataScreen 即可，即代码如下，则默认显示 DataScreen 组件。

```
1. import Vue from 'vue'
2. import Router from 'vue-router'
3. import HelloWorld from '@/components/HelloWorld'
4. import DataScreen from '@/components/Datascreen'
5. Vue.use(Router)
6. export default new Router({
7.   routes: [{
8.     path: '/',
9.     name: 'DataScreen',
10.    component: DataScreen
11.  }, {
12.     path: '/datascreen',
13.     name: 'DataScreen',
14.     component: DataScreen
15.  }]
16.})
```

代码说明：

第 8 ~ 10 行：设置数据大屏组件为默认显示，如图 4-73 所示。

b. 使用 <router-link></router-link> 实现动态切换。<router-link> 组件支持用户在具有路由功能的应用中单击导航标签。通过 to 属性指定目标地址，默认渲染为带有正确连接的 <a> 标签，可以通过配置 tag 属性生成别的标签。另外，当目标路由成功激活时，链接元素自动设置一个表示激活的 CSS 类名。

进入 App.vue，修改 <a href="#"> 数据大屏 </a> 为下列代码：

```
<router-link to="/DataScreen"> 数据大屏 </router-link>
```

运行项目，当单击左侧"数据大屏"标签时，页面中将切换显示数据大屏页面内容。

图 4-73 默认显示数据大屏

与传统的前端页面设计不同，Vue.js 中框架中将应用切割为小而独立、具有复用性的组件，通过第三方插件路由 Router 控制组件的切换，从而实现单页面应用程序的设计。本任务中对新能源汽车分析系统进行切割，并根据切割的功能创建相应组件，设计路由完成不同组件的切换，从而实现各部分之间切换与动态加载。

使用同样的方法，将其他几个标签也设置相关的跳转，即可实现组件动态跳转。

**4. 同步训练**

本任务中仅完成了"数据大屏"组件及路由配置的过程，请参照本任务，将项目中其他组件创建完成，并通过路由实现页面间的切换，例如单击"用户管理"导航标签，则显示用户管理组件，如图 4-74 所示。具体组件功能对应的组件名称如表 4-3 所示。

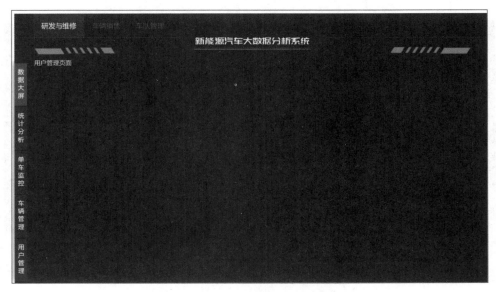

图 4-74 用户管理页面显示

## 任务 4.3　新能源汽车大数据分析系统用户管理页面实现

### 1. 任务描述

在任务 4.2 中 Vue-router 已经使得各个组件动态切换，那每个组件又是如何实现数据呈现、事件处理及用户交互的呢？本任务要求能够将存放在 JSON 文件中的用户信息相关数据获取出来，在前端页面中的显示如图 4-75 所示。

图 4-75　用户管理

### 2. 任务分析

Vue.js 使用基于 HTML 模板的语法，允许开发者声明式地将 DOM 绑定至底层的实例数据，在应用状态改变时，Vue.js 能够智能地计算并渲染到 DOM 操作上。本任务完成用户管理组件 UserManagemetn.vue 的具体实现，如图 4-76 所示。

图 4-76　页面分析

需要解决的问题如下：

① 用户搜索表单元素数据的获取。

② 使用 Vue.js 从 JSON 文件中获取数据。

③ 用户数据的表格呈现。

④ "添加用户"弹出框的实现。

### 3. 任务实施

（1）创建用户管理组件

① 创建 UserMangement.vue。参照任务 4.2，在 componts 目录下新建文件 UserManage.vue。

② 定义数据。Vue.js 中通过 data() 定义当前组件所用到的数据，这些数据在实例对应的模板中进行绑定并使用。本页面中涉及的数据主要有用户姓名、真实姓名、电话、公司名称、状态、部门，代码如下：

```
1.<script>
2.export default {
3.    name: "UserManagement",
4.    data() {
5.        return {
6.            pagename: "用户管理页面",          // 页面标题
7.            // 查询数据
8.            searchData: {
9.                UserName: "",              // 用户姓名
10.               RealName: "",              // 真实姓名
11.               Telephone: "",             // 电话
12.               Company: "all",            // 公司名称
13.               State: "all",              // 状态
14.               Dept: "all"                // 部门
15.           }
16.       };
17.   }
18. };
19.</script>
20.<style>
21. #UserManage {
22.     color: aliceblue;
23.     margin-left: 30px;
24.     text-align: center
25.}
26.</style>
```

（2）绑定文本输出

在模板中可以通过 {{ 数据名 }} 或 v-bind 的方式动态地绑定一个或多个特性，如 {{UserName}} 将会输出用户姓名。在 <template></template> 中添加 {{pagename}}，可以将 pagename 中的文本内容显示在页面中，如图 4-77 所示。

图 4-77　显示标题

代码如下：

```
1.<template>
2.<div id=" UserManage >
3.<p> {{pagename}} </p>   <!-- 输出 pagename 中字符内容 -->
4.</div>
5.</template>
```

（3）模板 HTML 设计

将本书提供的素材包中 HTML 文件添加到 template 中，代码如下：

```
1.<template>
2.<div id="UserManage">
3.{{pagename}} <!-- 输出 pagename 中字符内容 -->
4.<div class="containerBox">
5.<div style="padding: 38px 0 30px 20px;" class="ba">
6.<div class="searchInputBox" >
7.<div class="inputItem pr">
8.<p class="searchName"> 用户名 </p>
9.<el-input size="small"  class="basicInput" clearable> </el-input>
10.</div>
11.div class="inputItem pr">
12.<p class="searchName"> 真实姓名 </p>
13.<el-input size="small"  class="basicInput" clearable> </el-input>
14.</div>
15.<div class="inputItem pr">
16.<p  class="searchName"> 手机号 </p>
17.<el-input size="small"   class="basicInput" clearable> </el-input>
18.</div>
19.<div class="inputItem pr">
20.<p class="searchName"> 公司 </p>
21.<el-select  placeholder=" 请选择 " size="small">
22.<el-option  value="1" label=" 公司 1"></el-option>
23.<el-option  value="2" label=" 公司 2"></el-option>
24.<el-option  value="3" label=" 公司 3"></el-option>
25.</el-select>
26.</div>
27.<div class="inputItem pr">
28.<p class="searchName"> 状态 </p>
29.<el-select  placeholder=" 请选择 " size="small">
30.<el-option  value="all" label=" 全部 "></el-option>
31.<el-option  value="true" label=" 启用 "></el-option>
32.<el-option  value="false" label=" 禁用 "></el-option>
33.</el-select>
34.</div>
35.<div class="inputItem pr">
36.<p class="searchName"> 部门 </p>
37.<el-select  placeholder=" 请选择 " size="small">
38.<el-option  value="1" label=" 部门 1"></el-option>
39.<el-option  value="2" label=" 部门 2"></el-option>
40.<el-option  value="3" label=" 部门 3"></el-option>
41.</el-select>
```

```
42.</div>
43.<div class="inputItem buttonItem">
44.<el-button type="primary" class="basicBtn basicBlueBtn">查询 </el-button>
45.</div>
46.</div>
47.</div>
48.<div class="vehicleInfo">
49.<el-button size="small"  >新增用户 </el-button>
50.<!-- 弹窗 -->
51.</div>
52.<div class="ba">
53.<div class="tabItem">
54.<div class="tabItemConent" id="tabItemConent">
55.</div>
56.<!-- 分页 -->
57.<div class="block">
58.</div>
59.</div>
60.</div>
61.</div>
62.</div>
63.</template>
```

页面显示如图 4-78 所示。

图 4-78　用户搜索

（4）绑定表单元素

Vue.js 中提供了 v-model 的指令对表单元素进行双向数据绑定，在修改表单元素值的同时，实例 vm 对应的属性值也同时更新，反之亦然。此处将当前用户填写的搜索元素绑定在（1）中定义的数据。

① 输入框数据绑定。将"用户名"输入框与 searchData. UserName 进行绑定，代码如下：

```
<el-input size="small"  v-bind="searchData.UserName" class="basicInput"
clearable> </el-input>
```

使用同样的方法，完成对"真实姓名""手机号"的数据绑定，代码如下：

```
<div class="searchInputBox">
<div class="inputltem pr">
```

```
<p class="searchName"> 用户名 </p>
<el-input size="small" v-model="searchData.UserName"
class=" basic Input" clearable> <el-input>
</div>
<div class="inputltem pr">
<p class="searchName"> 真实姓名 </p>|
<el-input size="small" v-model="searchData.RealName"
class="basic Input" clearable></el-input>
</div>
<div class="inputltem pr">
<p class="searchName"> 手机号 </p>
<el-input size="small" v-model="searchData.Telephone"
class=" basic Input" clearable></el-input>
</div>
```

② 选择框数据的绑定。本页面中"公司""状态""部门"是使用 select-options 来进行选择的，将 Value 的值绑定到 searchData.Company、searchData.State、searchData.Dept，代码实现如下：

```
<div class="inputltem pr">
<p class="searchName"> 公司 </p>
<el-select v-model="searchData. Company" placeholder=请选择
size="small">
<el-option value="l" label=" 公司 l"></el-option>
<el-option value="2" label=" 公司 2"></el-option>
<el-option value="3" label=" 公司 3"></el-option>
</el-select>
</div>
<div class="inputltem pr">
<p class="searchName">状态 </p>
<el-select v-model="searchData.State" placeholder=" 请选择 "
size="small">
<el-option value="all" label=" 全部 "></el-option>
<el-option value="true" label=" 启用 "></el-option>
<el-option value="false" label=" 禁用 "></el-option>
</el-select>
</div>
<div class="inputltem pr">
<p class="searchName"> 部门 </p>
<el-select v-model=" searchData. Dept" placeholder =" 请选择 "
size="small">
<el-option value="l" label=" 部门 l"></el-option>
<el-option value="2" label=" 部门 2"></el-option>
<el-option value="3" label=" 部门 3"></el-option>
</el-select>
</div>
```

③ 测试数据双向绑定。为了测试数据双向绑定功能，在页面上添加文本显示代码，当表单控件的值发生变化时，绑定的数据也会发生变化。

在页面中添加下列测试代码：

```
<div>您输入的用户名：{{searchData.UserName}}, 真实姓名：{{searchData.RealName}},
电话：{{searchData.Telephone}}, 公司：{{searchData.Company}}, 状态：{{searchData.
```

```
State}}, 部门 {{searchData.Dept}}</div>
```

在表单控件中输入内容,在下面的文本显示区中内容也会随之变化,如图4-79所示。

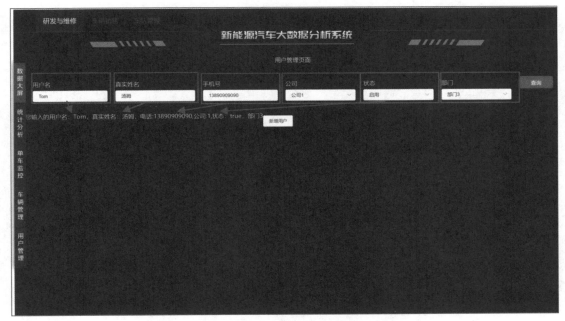

图4-79 数据双向绑定测试

(5)获取用户数据

本任务的数据从 JSON 文件中获取,先将素材文件夹中 JSON 文件夹复制到本项目的 static 文件夹中,数据文件为 userlist.json。

```
{
  "userlist":[
  {
    "index":"!",
    "RealName" " 李海 ",
    "UserName":"lihai" ,
    "Telephone":"15678892525",
    "Dept":" 测试部 ",
    "Company": "XXX  运营公司 ",
    "CarEnterprises":"海格车企 ",
    "Status":" 启用 ",
    "CreateTime":"2018-03-19"
  },{
    "index":"2",
    "RealName":" 张三 ",
    "UserName":"zhangsan",
    "Telephone":"15678892526",
    "Dept": " 测试部 ",
    "Company" : "XXX 运营公司 ",
    "Status": " 启用 ",
```

```
        "CreateTime":"2018-03-19"
    },{
        "index":"3)
        "RealName":" 里斯 ",
        "UserName":"lisi",
        "Telephone":"15678892527",
        "Dept":" 测试部 ",
        "Company": "XXX   运营公司 ",
        "CarEnterprises":" 海格车企 ",
        "Status":" 启用 ",
        "CreateTime":"2018-03-19",
    }
    ]
}
```

① 使用 element-ui 完成 Table 的构建，显示用户相关数据，代码如下：

```
1.<div class="tabItemConent" id="tabItemConent">
2.<el-table id="tableBox"
3.:header-cell-style="{background:'#0d2458',border:'none' }"
4.:row-style="{background:'#193777'}"
5.:cell-style="{border:'none'}">
6.<el-table-column class="eltable" prop="index" label=" 序号 "></el-table-column>
7.<el-table-column class="eltable" prop="UserName" label=" 用户名 "></el-table-column>
8.<el-table-column class="eltable" prop="RealName" label=" 真实姓名 "></el-table-column>
9.<el-table-column class="eltable" prop="Telephone" label=" 手机 "></el-table-column>
10.<el-table-column class="eltable" prop="Dept" label=" 部门 "></el-table-column>
11.<el-table-column class="eltable" prop="Company" label=" 公司 "></el-table-column>
12.<el-table-column class="eltable" prop="CarEnterprises" label=" 车企 "></el-table-column>
13.<el-table-column class="eltable" prop="Status" label=" 状态 "></el-table-column>
14.<el-table-column class="eltable" prop="CreateTime" label=" 创建时间 "></el-table-column>
15.<el-table-column class="eltable" prop="Caozuo" label=" 操作 ">
16.<template slot-scope="scope">
17.<span size="mini"> 编辑 </span>
18.<span size="mini" type="danger"> 删除 </span>
19.</template>
20.</el-table-column>
21.</el-table>
22.</div>
```

其中 prop 设置数据库文件中字段的名称，label 显示的是标题名称。设计完成后界面如图 4–80 所示。

图 4-80　Table 表设计

② 添加数据定义。定义数据 tableData:[] 用来存放从 JSON 中获取的数据内容。

```
export default {
    name: "UserManagement",
    data() {
        return {
            pagename: "用户管理",
            //查询数据
            searchData: {
                UserName: "",          //用户姓名
                RealName: "",          //真实姓名
                Telephone: "",         //电话
                Company: "all',        // 公司名称
                State: "all",          //状态
                Dept: "all"            //部门
            },
            tableData: [],  //存放用户信息表
        };
    }
};
```

③ 将数据 tableData 绑定显示到 id 为 tableBox 的 Table 表中。

```
<el-table
id="tableBox"
:data="tableData"
:header-cell-style="{background:'#0d2458',border:'none'}"
:row-style="{background:'#193777'}"
:cell-style="{border:'none'}"
>
```

④ 使用 Axios 获取数据。本任务最终要将 JSON 文件中的数据读取出来并在前端显示，使用 Vue.js 提供的 Axios 来完成数据的获取。因为 Axios 是第三方插件，所以需要先进行安装。

a. 安装 Axios。在命令行中输入以下命令，安装成功后界面如图 4-81 所示。

```
npm install-save axios
```

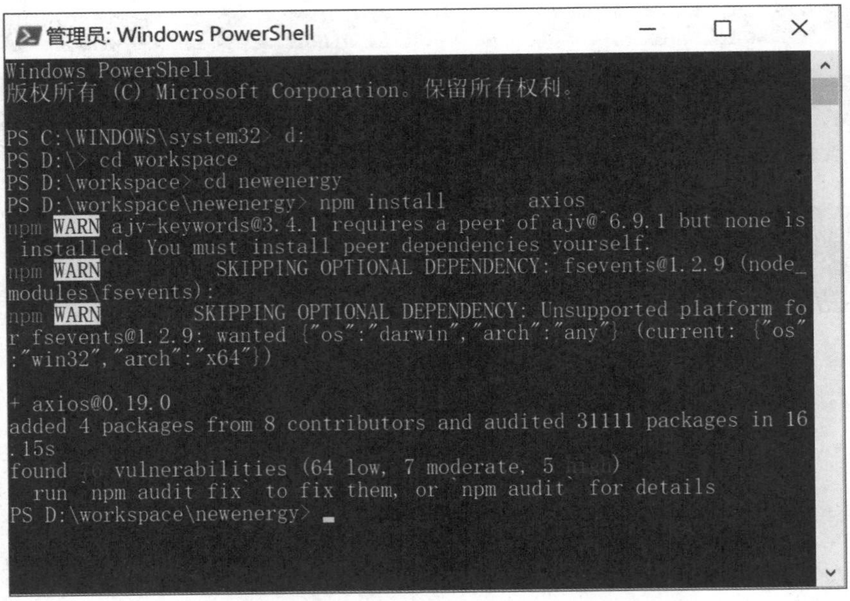

图 4-81　安装 Axios

b. 在 main.js 页面中引用。

```
import axios from 'axios'
Vue.prototype.axios=axios;
```

c. 发送请求。

添加 .mounted() 方法，代码如下：

```
1.  ,  mounted() {
2.    this.axios("static/json/userlist.json")
3.    .then(res => {
4.      this.tableData = res.data.userlist;
5.      console.log(res.data);
6.    })
7.    .catch(err => {
8.      console.log(err);
9.    });
10. }
```

注意：JSON 文件必须存放在 static 文件夹中。

刷新页面，可以查看到读取的数据，如图 4-82 所示。

（6）表单验证

本任务中新增用户是以 Dialog 弹出一个 "新增用户" 对话框，如图 4-83 所示，提供用户输入入口，并对用户输入的数据进行验证，符合验证要求，则可发送到后台进行数据的处理，此处只介绍前端验证功能。

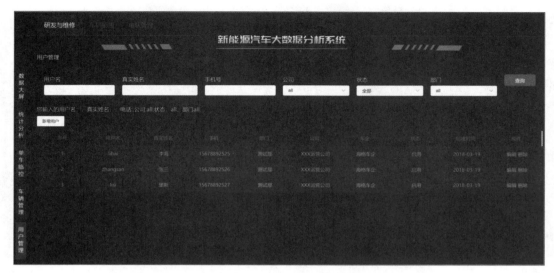

图 4-82　用户信息显示

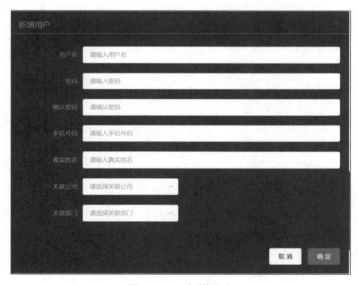

图 4-83　新增用户

① Dialog 对话框设计。对话框中需要提供用户输入的信息字段，使用 element-ui 设计如下：

```
1.<el-button size="small">新增用户 </el-button>
2.<!-- 弹窗 -->
3.<el-dialog   id="Dialog" title=" 新增用户 " visible="false"   width="45%">
4.<el-form class="Form" label-width="20%" >
5.<el-form-item label=" 用户名 " prop="UserName">
6.<el-input placeholder=" 请输入用户名 "></el-input>
7.</el-form-item>
8.<el-form-item label=" 密码 " prop="Password">
9.<el-input placeholder=" 请输入密码 "></el-input>
10.</el-form-item>
```

```
11.<el-form-item label=" 确认密码 " prop="RePassword">
12.<el-input placeholder=" 请确认密码 "></el-input>
13.</el-form-item>
14.<el-form-item label=" 手机号码 " prop="Telephone">
15.<el-input placeholder=" 请输入手机号码 "></el-input>
16.</el-form-item>
17.<el-form-item label=" 真实姓名 " prop="RealName">
18.<el-input placeholder=" 请输入真实姓名 "></el-input>
19.</el-form-item>
20.<el-form-item label=" 关联公司 " prop="Company">
21.<el-select placeholder=" 请选择关联公司 ">
22.<el-option label=" 公司 1" value="Company1"></el-option>
23.<el-option label=" 公司 2" value="Company2"></el-option>
24.</el-select>
25.</el-form-item>
26.<el-form-item label=" 关联部门 " prop="Dept">
27.<el-select placeholder=" 请选择关联部门 ">
28.<el-option label=" 部门 1" value="Dept1"></el-option>
29.<el-option label=" 部门 2" value="Dept2"></el-option>
30.</el-select>
31.</el-form-item>
32.</el-form>
33.<div slot="footer" class="dialog-footer">
34.<el-button> 取 消 </el-button>
35.<el-button type="primary"> 确 定 </el-button>
36.</div>
37.</el-dialog>
38.</div>
```

代码说明:

第 3 行代码段中使用 visible="false" 设置默认状态为隐藏, 若要让其显示则需要设置为 true。

```
<el-dialog    id="Dialog"  title=" 新增用户 " visible="true"    width="45%">
```

② 定义表单字段数据。要实现表单数据的双向绑定, 必须为上述表单定义数据, 在 data() 中添加表单数据 form 如下:

```
data() {
    return {
        pagename: " 用户管理 ",
        // 查询数据
        searchData: {
            UserName: "",                    // 用户姓名
            RealName: "",                    // 真实姓名
            Telephone: "",                   // 电话
            Company: "all",                  // 公司名称
            State: "all",                    // 状态
            Dept: "all"                      // 部门
        },
        tableData: [],                       // 存放用户信息表
        dialogFonnVisible: false,            // 设置新增用户对话框显示或隐藏状态
```

```
form: {
    UserName: "",              // 用户姓名
    Password: "",              // 用户密码
    RePassword: "",            // 确认密码
    Telephone: "",             // 电话
    RealName: "",              // 真实姓名
    Company: "",               // 公司名称
    Dept: ""                   // 部门
    },
    }
};
```

③ 定义表单验证规则数据。在 emement-ui 中可以自定义表单元素验证规则，在 data() 中添加验证规则数据如下：

```
rules:{
        UserName:[
            { required: true, message: "请输入用户名", trigger: "blur"},
            { pattern: /^[a-zA-Z0-9]{6,16}$/, message:' 用户名格式错误 ',
trigger: "blur"}
        ],
        Password:[
            { required: true, message: "请输入密码",trigger: "blur"},
            { pattern: /[a-zA-Z\d+]{6,16}/, message:' 密码格式错误 ',trigger:'blur'}
        ],
        RePassword:[
            { required: true, message: "请输入确认密码", trigger: "blur"},
        ],
        Telephone:[
            { required: true, message: "请输入电话号码", trigger: "blur"},
            { pattern: /^1[3|4|5|7|8][0-9]{9}$/, message: "电话号码格式错误",
trigger: "blur"}
        ],
        RealName:[
            { required: true, message: "请输入真实姓名", trigger: "blur"},
            { pattern: /^[A-Za-z0-9\u4e00-\u9fa5]{1,16}$/, message: "真实
姓名格式错误 ", trigger: "blur"}
        ],
        Company:[
            { required: true, message: '请选择关联运营公司', trigger: 'change' },
        ],
        Dept:[
            { required: true, message: '请选择关联部门', trigger: 'change' },
        ],
    }
```

添加完成后，data() 中结构如下：

```
<script>
Import"../assets/Style/table.css";
export default {
    name: "UserManagement " ,
```

```
    data() {
      return {
         pagename: "用户管理"
         // 查询数据
         searchData: {…
         }
         tableData: [],                 // 存放用户信息表
         dialogFormVisible: false,      // 置新增用户对话框显示或隐藏状态
         form: {…
         },
         rules: {…
         }
      };
    },
        mounted() {…
      }
};
</script>
```

④ 完成表单数据的双向绑定。将表单元素双向绑定 form 数据，同时将 rules 绑定到表单的 rules 属性中，进行规则验证。

```
<el-form :model="form" class="Form" :rules="rules" label-width="20%">
<el-form-item label=" 用户名 " prop="UserName">
<el-input v-model="form.UserName" placeholder=" 请输入用户名 ">
</el-input>
</el-form-item>
<el-form-item label=" 密码 " prop="Password">
<el-input v-model="form.Password" placeholder=" 请输入密码 ">
</el-input>
</el-form-item>
<el-form-item label=" 确认密码 " prop="RePassword">
<el-input v-model="form.RePassword" placeholder=" 请确认密码 ">
</el-input>
</el-form-item>
<el-form-item label=" 手机号码 " prop="Telephone">
<el-input v-model="form.Telephone" placeholder=" 请输入手机号码 ">
</el-input>
</el-form-item>
<el-form-item label=" 真实姓名 " prop="RealName">
<el-input v-model="form.RealName" placeholder=" 请输入真实姓名 ">
</el-input>
</el-form-item>
<el-form-item label=" 关联公司 " prop="Company">
<el-select v-model="form.Company"  placeholder=" 请选择关联公司 ">
<el-option label=" 公司 1"  value="Companyl"></el-option>
<el-option label=" 公司 2"  value="Company2"></el-option>
</el-select>
</el-form-item>
<el-form-item label=" 关联部门 " prop="Dept">
<el-select v-model="form.Dept" placeholder=" 请选择关联部门 ">
<el-option label=" 部门 1" value="Deptl"></el-option>
```

```
<el-option label=" 部门 2" value="Dept2"></el-option>
</el-select>
</el-form-item>
</el-form>
```

⑤ 添加 "新增用户" 事件。

a. 设置 Dialog 的可见属性 visible 绑定到 dialogFormVisible，sync 提供了对 visible 属性的双向绑定。

```
<el-dialog id="Dialog" title=" 新增用户 " :visible.sync="dialogFormVisible"
:modal="false"  width="45%">
```

b. 在 "新增用户" 按钮中使用 v-on:click="dialogFormVisible=true" 来添加新增用户事件，当单击该按钮时，则设置 dialogFormVisible 可见。按钮代码设置如下：

```
<el-button size="small" v-on:click="dialogFormVisible=true"> 新增用户 </el-button>
```

当运行页面时，单击 "新增用户" 按钮，即可打开 "新增用户" 对话框，如图 4-84 所示，并且按照 rules 使用的正则表达式完成对用户输入的验证。

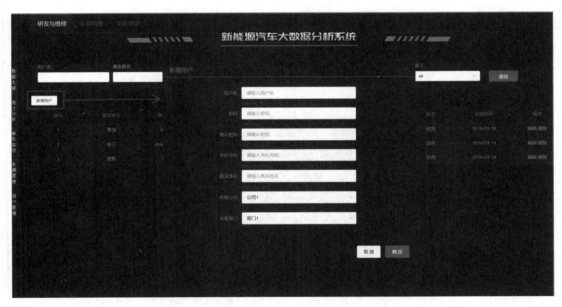

图 4-84　新增用户

⑥ 添加 "确定" 和 "取消" 事件。除了使用 v-on 之外，还可以使用 @click 来添加事件，本例使用 @click 对 Dialog 对话框中 "确定" 和 "取消" 按钮添加事件，完成对话框的关闭，代码如下：

```
<el-button @click="dialogFormVisible = false"> 取消 </el-button>
<el-button type="primary" @click="dialogFormVisible=false"> 确定 </el-button>
```

### 4. 同步训练

参照本任务，完成车辆管理页面，将存放在 JSON 文件（见图 4-85）中的汽车信息相关数据获取出来，在前端页面中的显示如图 4-86 所示。

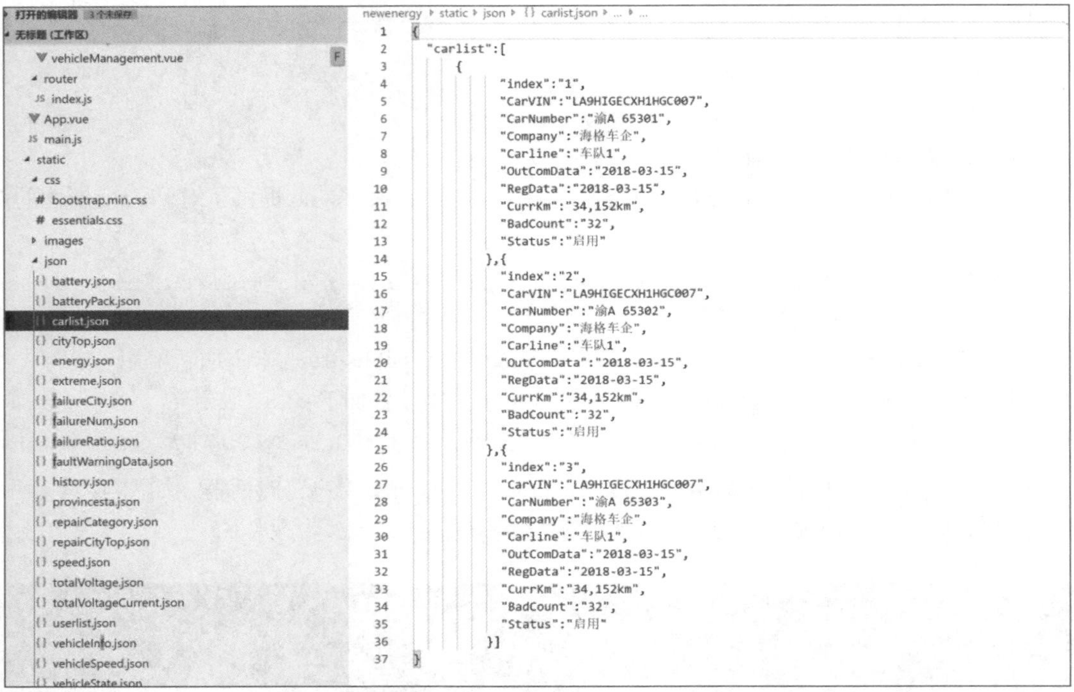

图 4-85　carlist.json 汽车信息

图 4-86　车辆管理页面

## 任务 4.4　新能源汽车大数据分析系统动态页面实现

### 1. 任务描述

通过前面任务的学习，完成了 Vue.js 项目从整体到局部的实现，使用自顶而下的设计方式完成了系统的架构，并以用户管理页面为例，了解了 Vue.js 页面的结构及其工作原理。但对于一个项目而言，只是简单的静态页面往往是不够的，有时候会需要进行循环判断等动态化的处理。本任务中通过对 App.vue 进行修改，使用 Vue.js 各种基础语句完成代码的优化，从而实现页面的动态处理。

在左侧导航栏的设计中（见图 4-87），需要固定写好导航项的内容，将其绑定到对应的组件，但如果需要添加新的导航列，则需要重新设计添加，不利于项目的维护，这里将使用 v-for、v-if 等相关指令完成代码的优化。

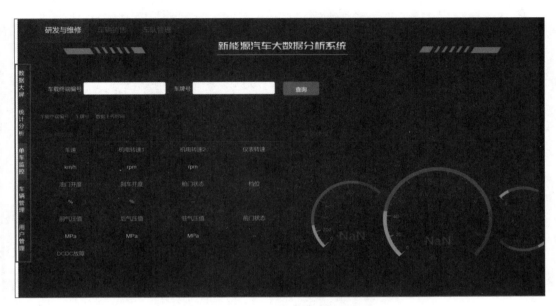

图 4-87　任务要求界面

## 2. 任务分析

当前页面中的导航栏是固定的，每个导航栏的代码是相似的，可以将要显示的不同菜单内容存放在数据中，使用 v-for 将一个数组对应为一组元素，完成菜单内容的循环显示。当菜单项有增加时，只需要修改数据即可完成动态显示。

```
<li class="list ">
<router-link to="/DataScreen" > 数据大屏 < /router-link >
</li>
<li class="list ">
<router-link to="/DataStatistics" > 统计分析 </router-link >
</li>
<li class="list">
<router-link to="/RealTimeMonitoring" > 单车监控 < /router-link >
</li>
<li class="list">
<router-link to="/VehicleManagement" > 车辆管理 <router-link>
</li>
<li class="list active ">
<router-link to="/UserManagement" > 用户管理 </router-link>
</li>
```

上述代码中，仅 URL 及文字标题不同，其他都相同，因此可以为每个菜单项创建数组存放不同的部分，使用 v-for 进行列表的渲染。

### 3. 任务实施

（1）定义数据

根据任务分析可知，每个列表项中变化的部分为跳转组件的 url 及显示的标题，打开 App.vue，定义数据如下：

```
1.<script>
2.import "./assets/style/table.css";
3.export default {
4.   data() {
5.     return {
6.           activeName: "first",
7.           yanfa: [
8.           // 研发与维修子菜单项数据
9.           {
10.               name: "数据大屏",
11.               url: "dataScreen",
12.               show: true
13.          },
14.          {
15.               name: "统计分析",
16.               url: "dataStatistics",
17.               show: false
18.          },
19.          {
20.               name: "单车监控",
21.               url: "realTimeMonitoring",
22.               show: false
23.          },
24.          {
25.               name: "车辆管理",
26.               url: "vehicleManagement",
27.               show: false
28.          },
29.          {
30.               name: "用户管理",
31.               url: "userManagement",
32.               show: false
33.       }]
34.};}};
35.</script>
```

其中 name 表示显示在导航上标题的名称，url 为跳转组件对应组件的链接，show 表示当前是否为活动页。

（2）使用 V-for 渲染列表

```
1.<ul class="menu" ref="singleDom">
2.<li v-for="(item,index) in yanfa" class="list">
3.<router-link v-bind:to="item.url">{{item.name}}</router-link>
```

```
4.</li>
5.</ul>
6.<router-view></router-view>
```

效果如图 4-88 所示。

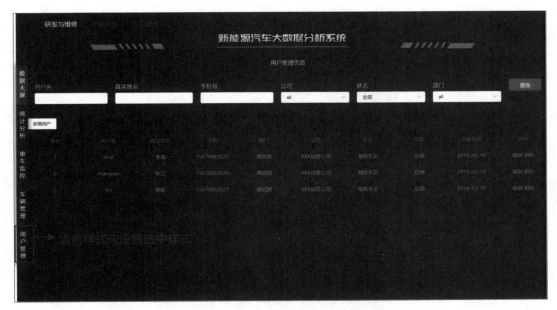

图 4-88　样式未设置

（3）使用 v-on 添加事件处理

至此，完成了各组件之间的切换，但是左侧导航的样式并未完成相应的亮显，因此需要为每个导航项添加 click 事件，设置当前为选定项。

① 在当前 App.vue 组件中的 methods 中添加方法 goto()，此处要处理的事情为：设置当前项的 show 为 true，设置当前项的 class 的 active 为 true，其他为 false，代码实现如下：

```
1.<script>
2.import "./assets/style/table.css";
3.export default {
4.  data() {
5.    return {
6.        activeName: "first",
7.        yanfa: [···],
8.        active:false
9.    };
10.},
11.methods: {
12.    goto(name, i, item) {
13.      item.show=!item.show;
14.      for(var j=0; j<this.yanfa.length; j++) {
15.      // 如果当前项被点击，则将当前项设置为 true，否则都为 false
16.        if(j!==i) {
17.        this.yanfa[j].show = false;
```

```
18.  }}}}
19.};
20.</script>
```

代码说明：

第 12 ~ 17 行：定义一个方法 goto()，当当前项被点击时，则设置显示为 true，否则为 false。

②为每个项绑定事件 click 事件，并根据当前 show 的值，确定是否设置当前项的 class 属性是否为 active，修改（2）中的代码如下：

```
1.<li v-for="(item,index) in yanfa"
2.v-on:click="goto(item.url,index,item)"
3.:class="{'active':item.show===true,'list':true}" >
4.<router-link v-bind:to="item.url">{{item.name}}</router-link>
5.</li>
```

刷新页面，可以看到被选项的显示样式为亮显，如图 4-89 所示。

图 4-89　动态样式设置完成

至此，本单元任务全部完成。

## 4. 同步训练

本单元着重介绍了研发与维修的组件与路由的设计与实现，请参照本单元节任务完成其他选项卡"车辆销售""车队管理"下的类似功能，为车辆销售、车队管理的子页面使用 v-for 完成页面的动态导航，如图 4-90 所示。

图 4-90　导航设计

## ▣ 单元小结

本单元中详细地介绍了基于 Vue.js 从零开始搭建一个完整项目的过程，主要介绍了开发环境的搭建，指导用户对项目进行功能切分，按照功能划分完成组件的创建，并使用 Vue-router 进行单页面应用的开发，使得页面实现动态交互；同时以用户信息显示为例详细介绍了 Vue 的基础知识，以及 Vue 实例、数据绑定、模板渲染、事件绑定等相关内容，使学生能够比较清晰地了解 Vue 项目开发过程。

## ▣ 课后练习

### 一、选择题

1. 使用下列（　　）语句可以搭建脚手架。

A. cnpm install @vue/cli-g

B. npm install -g cnpm

C. cnpm install vue –g

2. 在 webpackProject 项目源码及需要引用的资源文件存放在（　　）中。

A. src　　　　　　　　　　B. static　　　　　　　　　　C. build

3.（　　）指令用于监听 DOM 事件。

A. v-if　　　　　　　　　　B. v-bind　　　　　　　　　　C. v-on

4.（　　）可以绑定数据到数组来渲染一个列表。

A. v-if　　　　　　　　　　B. v-for　　　　　　　　　　C. v-bind

### 二、填空题

1. 在 webpackProject 项目中_____文件夹下面的文件会原封不动地放到 dist 文件夹下面的目录中去。

2. App.vue 组件主要分成 3 种类型的顶级语言块：_____、_____和_____，这 3 个部分分别代表了 html、js、css。

3. Vue.js 允许在表达式后添加可选的过滤器，以_____符号指示。

4._____指令对表单元素进行双向数据绑定。

### 三、简答题

1. vue-router 是什么？它有哪些组件？

2. 简述 vue.cli 项目中 src 目录每个文件夹和文件的用法。

3. vue-router 是什么？它有哪些组件？

4. 怎么定义 vue-router 的动态路由？怎么获取传过来的值？

# 单元 5
## 数据可视化设计基础

随着数据时代的到来，商业、研究、技术发展等领域使用的数据总量变得非常巨大，并持续增长。然而对于用户来说，从这个数据海洋中抓到关键信息却越来越难。通过将数据转化为信息可视化呈现的各种方式，可以从不同的维度观察数据，从而对数据进行更深入的观察和分析。那么，如何进行数据可视化设计呢？

本单元从数据可视化的设计流程出发，介绍如何利用 ECharts 和 D3 制作"研发与维修"版块新能源汽车单车监控页面和统计分析页面中的可视化图表。本单元的知识导图如图 5-1 所示。

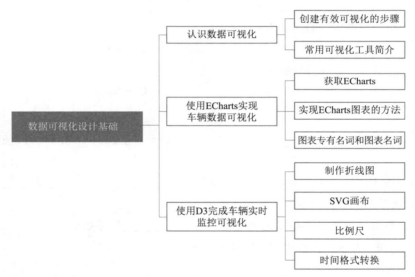

图 5-1　数据可视化设计基础知识导图

## ▌单元描述

数据可视化旨在借助图形化手段，清晰有效地传达与沟通信息。为了有效地传达思想概念，需要将外观与功能齐头并进，直观地传达关键的方面与特征，从而实现对于相对稀疏而又复杂的数据集的深入洞察。那么，怎么把数据可视化做得美观、直观、有价值呢？这离不开数据可视化设计。

本单元旨在掌握基础的 ECharts 和 D3 制作图表的方法，能制作出"研发与维修"模块中单车监控页面和统计分析页面中各种类型的图表，使图表呈现的内容便于用户识读，呈现的效果与整体页面风格一致。

**1. 知识要求**

① 学习可视化创建的基本步骤。

② 了解如何利用 ECharts 制作图表。

③ 了解如何利用 D3 制作图表。

**2. 能力要求**

① 能合理分析和选用采集的数据。

② 能根据需求选择合适的图表。

③ 能根据 Web 页面匹配图表风格。

④ 能根据需求优化图表。

**3. 素质要求**

① 具有良好的与人沟通能力和分析能力。

② 具有一定的美感和艺术设计素质。

③ 具有精益求精的工匠精神。

## 任务分解

| 任 务 名 称 | 任 务 目 标 | 安 排 课 时 |
|---|---|---|
| 任务 5.1　认识数据可视化 | 掌握数据可视化的设计流程 | 2 |
| 任务 5.2　使用 ECharts 实现车辆数据可视化 | 掌握用 ECharts 实现常用图表的方法 | 6 |
| 任务 5.3　使用 D3 完成车辆实时监控可视化 | 掌握用 D3 实现常用图表的方法 | 4 |
| 总　　计 | | 12 |

## 知识要点

### 1. 有效可视化创建步骤

如今，在海量的数据中抓取出有用的信息变得越来越困难，而通过可视化可以对信息进行总结，把信息组织起来，帮助用户识别所分析的数据中的一种模式或趋势，把注意力集中于关键点。通常可以按明确问题、选取数据、匹配图表、确定风格、优化图表、检查测试 6 个关键步骤来创建有效的信息可视化，如图 5-2 所示。

明确问题　选取数据　匹配图表　确定风格　优化图表　检查测试

图 5-2　有效可视化创建步骤

（1）明确问题

明确问题是指要明确通过这个图表可以帮助用户获取到哪些帮助。清晰的问题可以避免把不相干的事物一起放在图表中进行比较，以免引人困惑。

为创建可视化而提出的问题应尽可能以数据为中心。可以用"在哪里""什么时间""有多少""有多频繁"等来进行开头，这些可以使用户专注于在特定的参数集合内查找数据，从而更有可能找到适用于可视化的数据。

以车辆监控为例，可以提出如某车在某个时间段的车速信息、某车在某个时间段的电流 /电压变化趋势、某车实时的转速 / 车速 / 总里程数等需求。

（2）选取数据

明确要用图表回答哪些问题后，需要选取合适的数据。想要清楚地展现数据，就要充分了解数据库以及每个变量的含义。在车辆监控中，需要展示车辆的相关信息，包括总电流 / 电压、荷电状态、车辆速度、加速踏板、自动踏板、挡位等相关信息，查看的视角主要有关联和宏观。如要查看某车在某个时间段的车速信息，可以选取车架号、车速和采集时间 3 个字段。

（3）匹配图表

确定可视化项目的目标和数据后，下一步是建立一个基本的图形。它可能是饼图、线图、流程图、散点图、雷达图、地图、网络图等，这取决于手头的数据。

人们接触的数据通常包含 5 种相关关系：构成、比较、趋势、分布及联系。不同类型的数据各自有其最适合的图表类型，如图 5-3 所示。

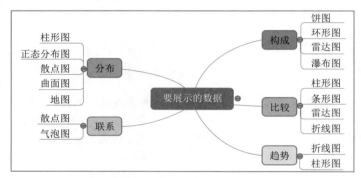

图 5-3　图表建议 - 思维指南

① 构成。构成主要关注每个部分所占整体的百分比，例如"份额""百分比""预计将达到百分之多少"，这时候可以用饼图、环形图，如图 5-4 所示。如多维数据（即四维以上），且每个维度必须排序可以选用雷达图，如图 5-5 所示。

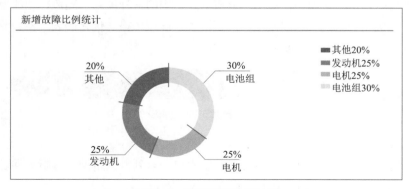

图 5-4　新增故障比例统计

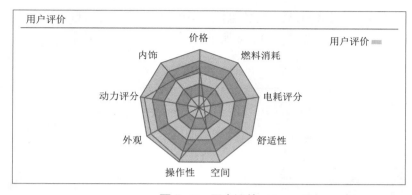

图 5-5 用户评价

② 比较。比较可以展示数据之间的关系，两者是否差不多，还是一个比另一个更多或更少。如"大于""小于""大致相当"都是比较相对关系中的关键词，这时可以选择条形图，如图 5-6 所示。如果需要进行排名，还可以先对数据进行排序。

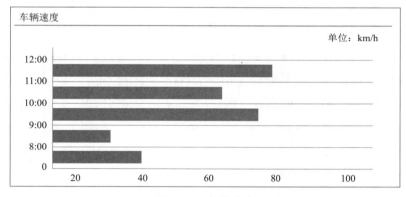

图 5-6 车辆速度

③ 趋势。趋势是最常见的一种时间序列关系，关心数据如何随着时间变化而变化，每周、每月、每年的变化趋势是增长、减少、上下波动或基本不变，这时候使用折线图可以更好地表现指标随时间呈现的趋势，如图 5-7 所示。

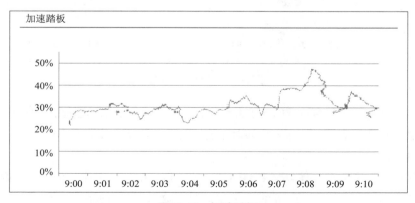

图 5-7 加速踏板

④ 分布。分布是关心各数值范围内各包含了多少项目，典型的信息会包含"集中""频率""分布"等，这时候使用柱形图，如图 5-8 所示。同时，还可以根据地理位置数据，通过地图展示不同分布特征。

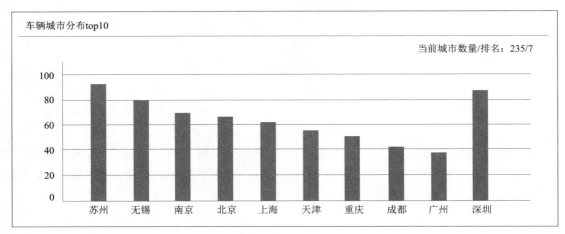

图 5-8　车辆城市分布 Top10

⑤ 联系。联系主要查看两个变量之间是否表达出用户预期所要证明的模式关系，比如电池电压可能随着时间的增长而增长，这时候就可以用散点图来展示，如图 5-9 所示。可以用"与……有关""随……而增长""随……而不同"等关系词来表达变量间的关系。

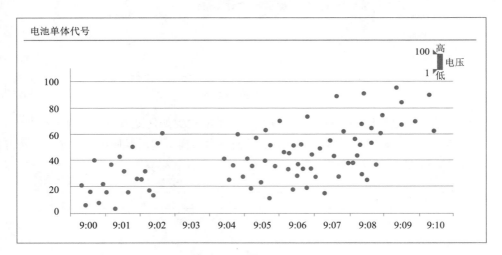

图 5-9　电池单体代号

在 Web 可视化中还有很多特殊的图表类型，如盒须图、热力图、关系图、路径图、旭日图等。在本系统中就选用了仪表图，用来表示实时车速、转速等信息，如图 5-10 所示。

（4）确定风格

这里的风格是指图表的整体风格要与网站一致，包括配色、字体、交互性等因素。网页设计中的色彩都是经过精心选择的，即使是简单的黑白效果也有诸多讲究，色彩的运用将会对用

户的视觉体验产生不可忽视的影响。每一种色
彩都有其对应的心理联系。而且，色彩本身也
有其不同程度的吸引力，比如说黑色和红色更
能引人注意，而浅黄色与奶油色会让人一眼掠
过。色彩可以增强用户的视觉体验，通过不同
色彩之间的对比可以来制造反差。将两种对
比强烈的色彩组合在一起能更惹人注目，如
将黄色图标放在蓝色背景图上的显眼效果会大
大好于黄色图标与红色背景的组合。因此，掌

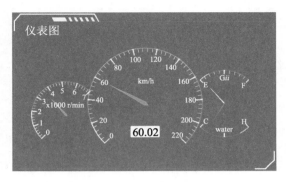

图 5-10　仪表图

握一些最基本的色彩搭配方法，然后灵活运用，并多多学习和借鉴就可以搭配出色彩丰富的
图表效果。

下面分享几个色彩小贴士：

① 同种色彩的搭配。同种色彩搭配也称类似色搭配，意思是使用色环上相邻或相近的颜色
进行搭配，或者使用同一色相不同明度和饱和度的颜色进行搭配。这种同种色彩的搭配是所有
色彩组合中最容易掌握的，可以构成一种和谐统一的效果，如 ECharts 官网实例中的简单日历
坐标系。

② 对比色彩的搭配。对比色彩的搭配是指使用色环中相对的或者距离较远的颜色进行搭配。
对比色彩的搭配会给人一种鲜明的效果。因为色彩跳跃性比较大，所以在使用对比色的时候要
注意色彩面积的大小，不同大小的对比色产生的视觉效果完全不同。

③ 色彩的鲜明性。色彩的鲜明性，并不是说要求色彩非常活跃或夸张，而是色彩的意向
鲜明，可以让整个网站的色彩更加突出和明确。同时，色彩的鲜明性也意味着色彩要非常吸
引眼球，可以抓住浏览者的注意力，所以在图表中可以用于突出需要重点关注的数据。

④ 色彩的搭配技巧。

● 使用网页安全色：$2^{16}$ 种网页安全色可以在任何网络环境中都正常显示，这就避免了颜色
偏差的问题。

● 内容和背景的对比程度要大：不管是图表还是网页都要方便用户浏览，所以内容和背景
的颜色有一定差异才能更好地进行阅读。

● 尽量少用太多的颜色：网页的颜色尽量控制在 3 种以内，这样可以让画面更加统一。

● 保持整个站点颜色风格的统一：每个网站都是由很多页面构成，在设计网站的时候，要
考虑整体的风格和色彩的统一，避免不同页面颜色差别过大的问题。

（5）优化图表

优化图表包括调整图表各维度的值、添加或修改图表中的解释信息，比如图例、数据标签等，
使图表更"可视"。

下面罗列一些图表优化的小贴士：

① 饼图中数据比例呈现要有规律。饼图中各数据比例呈现的顺序要有规律顺序，或按顺时
针方向从大到小，或顺时针方向从小到大，这样的图表表示方式更便于观察和识读，如图 5-11
所示。

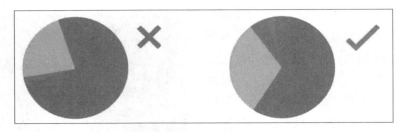

图 5-11　饼图表现方式比较

② 图表中数据不能被遮盖。应确保数据不会因为设计而丢失或被覆盖。例如，图 5-12 上半张图所示的面积图中数据会被遮盖，而使用透明效果则可以确保用户看到全部数据，如图 5-12 下半张图所示。

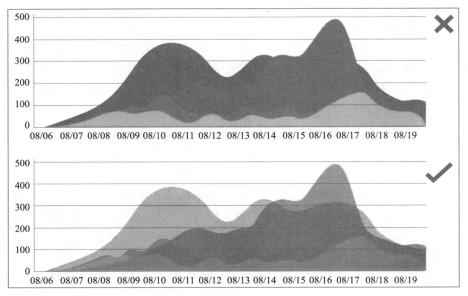

图 5-12　面积图表现方式比较

③ 图表应易于识读。图表应易于识读，而不是耗费用户太多的精力，因此，可以借助辅助的图形元素来使数据更易于理解，比如在散点图中可以增加趋势线，如图 5-13 所示。

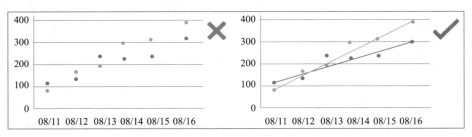

图 5-13　散点图表现方式比较

④ 柱形不易过宽或过窄。柱形图中的柱子过宽或过窄会影响其美观度，将柱子的间隔调整为宽的 1/2 较好，如图 5-14 所示。

图 5-14 柱形图表现方式比较

⑤ 数据应做好归类，区分重点。将同类数据进行归类，可以帮助用户更快理解数据。如图 5-15 所示，第一张没有将同类型手机中不同系统进行颜色上的归类，从而减少了对比的作用；下一张就很好地把 iPhone 版、Android 版、WP 版归为一类，并快速地与 iPad 版、其他进行比较。

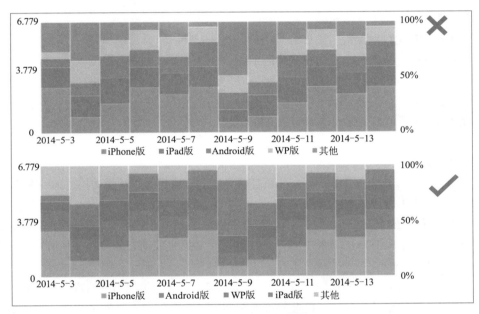

图 5-15 同类数据归类效果

⑥ 图表不应误导用户。要客观反映真实数据，纵坐标的起始点的数据不能被截断，如图 5-16 所示，左侧的图表纵坐标的数据起始点被截断从 50 开始，与右侧对比视觉感受和实际数据会相差很大。

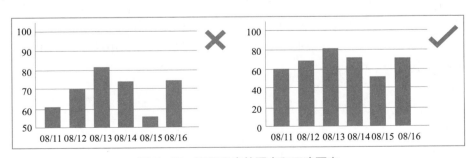

图 5-16 误导用户的图表和正确图表

### 2. 常用可视化工具

（1）ECharts 简介

ECharts 是一个使用 JavaScript 实现的开源可视化库，可以流畅地运行在 PC 和移动设备上，兼容当前绝大部分浏览器（IE 8/9/10/11、Chrome、Firefox、Safari 等），底层依赖轻量级的矢量图形库 ZRender，提供直观、交互丰富、可高度个性化定制的数据可视化图表。

ECharts 具有如下特性：

① 丰富的可视化类型。

② 多种数据格式无须转换直接使用。

③ 千万数据的前端展现。

④ 移动端优化。

⑤ 多渲染方案，跨平台使用。

⑥ 深度的交互式数据探索。

⑦ 多维数据的支持以及丰富的视觉编码手段。

⑧ 动态数据。

⑨ 绚丽的特效。

⑩ 通过 GL 实现更多更强大绚丽的三维可视化。

⑪ 无障碍访问（4.0+）。

（2）D3 简介

D3 的全称是 Data-Driven Documents，顾名思义是一个被数据驱动的文档，即一个 JavaScript 的函数库，主要用于进行数据可视化。

D3 可以将任意数据绑定至文档对象模型（DOM），然后基于数据驱动原理操作文档的生成。比如，从数组自动生成 HTML 表格，或者使用同一个数据生成动态的、具有平滑转换和交互功能的 SVG 柱形图。

D3 不是提供一切可能功能的整体性框架，相反，D3 解决的是问题中的难题：高效的基于数据的文档操作。这样做虽然偏离了商业软件的简洁性，却提供了超强的灵活性，体现出了对于 HTML、SVG 和 CSS 等网页标准的完整操作能力。在极小的运算量下，D3 运行如飞，支持海量数据库和交互与动画的动态呈现。D3 的实现风格维持了大量官方和社区开发的模块代码的可重用性。

（3）HighCharts 简介

HighCharts 是一个用纯 JavaScript 编写的图表库，能够简单便捷地在 Web 网站或是 Web 应用程序添加有交互性的图表，并且免费提供给个人学习、个人网站和非商业用途使用。

HighCharts 支持的图表类型有直线图、曲线图、区域图、柱形图、饼图、散点图、仪表图、气泡图、瀑布图等 20 种图表，其中很多图表可以集成在同一个图形中形成混合图。

HighCharts 具有如下特点：

① 兼容性。

② 非商业使用免费。

③ 开源。

④ 纯 JavaScript。

⑤ 丰富的图表类型。

⑥ 简单的配置语法。

⑦ 动态交互性。

⑧ 支持多坐标轴。

⑨ 数据提示框。

⑩ 时间轴。

⑪ 导出和打印。

⑫ 缩放和钻取。

⑬ 方便加载外部数据。

⑭ 仪表图。

⑮ 极地图。

⑯ 图表和坐标轴反转。

⑰ 文本旋转。

### 3. ECharts 基础

（1）获取 ECharts

ECharts 可以通过以下几种方式获取：

① 从官网下载界面（https://echarts.apache.org/zh/download.html），选择需要的版本下载，如图 5-17 所示。根据开发者功能和体积上的需求，官网提供了不同打包的下载，如果在体积上没有要求，可以直接下载完整版本（https://echarts.apache.org）。开发环境建议下载源代码版本（https://echarts.apache.org），其包含了常见的错误提示和警告，本任务中采用的是源代码版本。

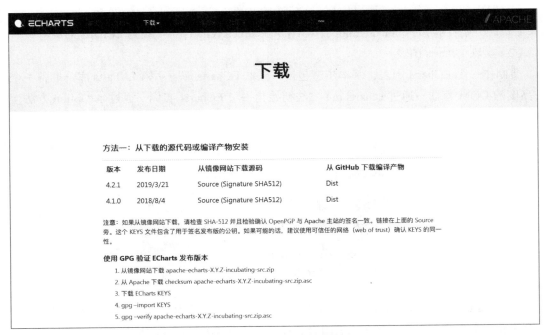

图 5-17　ECharts 官网下载页面

② 在 ECharts 的 GitHub（https://github.com/apache/incubator-echarts）上下载最新的 release 版本，如图 5-18 所示，在解压出来的文件夹的 dist 目录里可以找到最新版本的 ECharts 库。

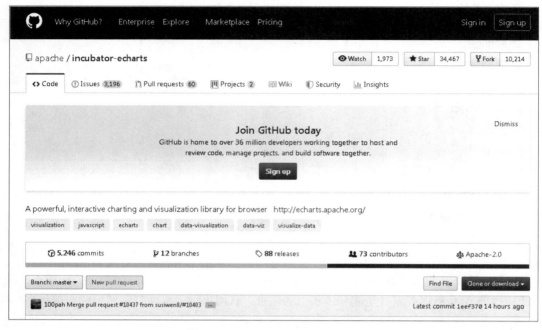

图 5-18　ECharts 的 GitHub

③ 通过 npm 获取 Echarts：npm install echarts–save。

④ CDN 引入，在 cdnjs（https://cdnjs.com/libraries/echarts）、npmcdn（https://npmcdn.com/echarts@latest/dist/）或者国内的 bootcdn（https://www.bootcdn.cn/echarts/）上找到 ECharts 的最新版本。

（2）实现 Echarts 图表

要制作一个 ECharts 图表，基本步骤包括：获取 ECharts 库→引入 ECharts 库→准备一个具备高度的 DOM 容器→通过 echarts.init 方法初始化一个 ECharts 实例→通过 setOption 方法生成图表，具体如图 5-19 所示。

图 5-19　实现 ECharts 图表步骤示意图

在 ECharts 官网中有详细教程以及 API。因为 ECharts 图表有自己的一套属性，因此需要什么效果就得去遵守其属性，只有识别图表的各部分的专业名称，才能从其 API 中获取相应属性从而实现想要的效果。其常用名词和常用图表如表 5-1 和表 5-2 所示。

表 5-1　常用名词

| 名　　词 | 描　　述 |
|---|---|
| chart | 指一个完整的图表，如折线图、饼图等"基本"图表类型或由基本图表组合而成的"混搭"图表，可能包括坐标轴、图例等 |
| axis | 直角坐标系中的一个坐标轴，坐标轴可分为类目轴和数值轴 |
| xAxis | 直角坐标系中的横轴，通常默认为类目轴 |
| yAxis | 直角坐标系中的纵轴，通常默认为数值轴 |
| grid | 直角坐标系中除坐标轴外的绘图网格 |
| legend | 图例，表述数据和图形的关联 |
| dataRange | 值域选择，常用于展现地域数据时选择值域范围 |
| dataZoom | 数据区域缩放，常用于展现大数据时选择可视范围 |
| toolbox | 辅助工具箱，辅助功能，如添加标线、框选缩放等 |
| tooltip | 气泡提示框，常用于展现更详细的数据 |
| timeline | 时间轴，常用于展现同一组数据在时间维度上的多份数据 |
| series | 数据系列，一个图表可能包含多个系列，每个系列可能包含多个数据 |

表 5-2　常用图表

| 图　　表 | 描　　述 |
|---|---|
| line | 折线图、堆积折线图、区域图、堆积区域图 |
| bar | 柱形图（纵向）、堆积柱形图、条形图（横向）、堆积条形图 |
| scatter | 散点图、气泡图。散点图至少需要横纵两个数据，更高维度数据加入时可以映射为颜色或大小，当映射到大小时则为气泡图 |
| k | K 线图、蜡烛图。常用于展现股票交易数据 |
| pie | 饼图、圆环图。饼图支持两种（半径、面积）南丁格尔玫瑰图模式 |
| radar | 雷达图、填充雷达图。高维度数据展现的常用图表 |
| chord | 和弦图。常用于展现关系数据，外层为圆环图，可体现数据占比关系，内层为各个扇形间相互连接的弦，可体现关系数据 |
| force | 力导布局图。常用于展现复杂关系网络聚类布局 |
| map | 地图。内置世界地图、中国及中国 34 个省市区地图数据、可通过标准 GeoJson 扩展地图类型。支持 svg 扩展类地图应用，如室内地图、运动场、物件构造等 |

下面以柱形图为例，识读出专有名词，如图 5-20 所示。

根据柱形每个部分的专业名称去寻找官网中配置项手册对应的属性，然后实现需要的效果，如图 5-21 所示。

如下代码对柱形图的主副标题进行了设置，其效果如图 5-22 所示。

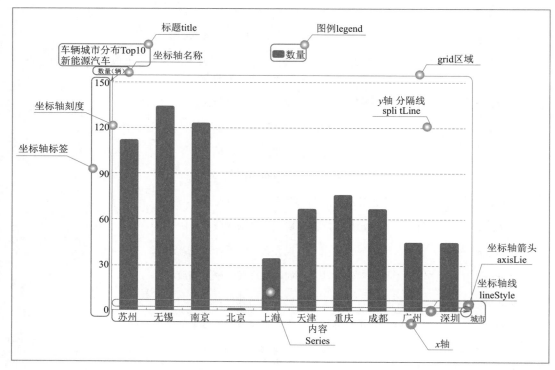

图 5-20　图表中的专有名词

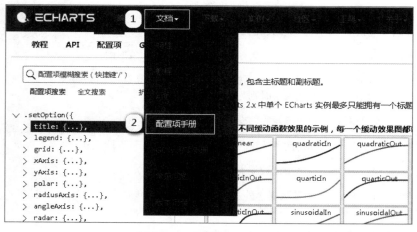

图 5-21　配置项手册

图 5-22　title 设置效果

```
1    title: {
2        text:' 柱形图 ',
3        subtext:'demo 案例 ',
4        x: 'left',
5        y: 'top',
6        textAlign: null,
7        backgroundColor: 'rgba(0,0,0,0)',
8        borderColor: '#ccc',
```

```
9       borderWidth: 0,
10      padding: 5,
11      itemGap: 10,
12      textStyle: {
13          fontSize: 24,
14          fontWeight: 'bolder',
15          color: '#666',
16      },
17      subtextStyle: {
18          color: '#aaa',
19      }
20  },
```

代码说明：

第 4、5 行：x 为水平安放位置，默认为左对齐；y 为垂直安放位置，默认为全图顶端。

第 6 行：水平对齐方式，默认根据 x 设置自动调整。

第 8 行：标题边框颜色。

第 9 行：标题边框线宽，单位为 px，默认为 0（无边框）。

第 10 行：标题内边距，单位为 px，默认各方向内边距为 5px。

第 11 行：主副标题纵向间隔，单位为 px，默认为 10 px。

第 12 ～ 16 行：主标题文字样式，对文字大小、文字加粗和文字颜色进行设置。

第 17 ～ 19 行：副标题文字样式，对文字颜色进行设置。

如下代码对柱形图的图例进行了设置，其效果如图 5-23 所示。

图 5-23　图例设置效果

```
1   legend: {
2       orient: 'horizontal',
3       x: 'center',
4       y: 'top',
5       backgroundColor: 'rgba(0,0,0,0)',
6       borderColor: '#ccc',
7       borderWidth: 0,
8       padding: 5,
9       itemGap: 10,
10      itemWidth: 20,
11      itemHeight: 14,
12      textStyle: {
13          color: '#333',
14      }
15  },
```

代码说明：

第 2 行：布局方式，默认为水平布局。

第 3、4 行：x 为水平安放位置，默认为全图居中；y 为垂直安放位置，默认为全图顶端。

第 5 行：图例的背景颜色。

第 6、7 行：图例边框颜色和边框线宽，线宽单位为 px，默认为 0（无边框）。

第 8 行：图例内边距，单位为 px，默认各方向内边距为 5 px。

第 9 行：各个 item 之间的间隔，单位为 px，默认为 10 px。

第 10、11 行：图例图形宽度和高度。

第 12 ~ 14 行：图例文字颜色。

如下代码对 tooltip 进行了设置，其效果如图 5-24 所示。

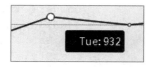

图 5-24　tooltip 设置效果

```
1  tooltip: {
2      trigger: 'item',
3      showDelay: 20,
4      hideDelay: 100,
5      transitionDuration : 0.4,
6      backgroundColor: 'rgba(0,0,0,0.7)',
7      borderColor: '#333',
8      borderRadius: 4,
9      borderWidth: 0,
10     padding: 5,
11     axisPointer: {
12         type : 'line',
13         lineStyle: {
14             color: '#48b',
15             width: 2,
16             type: 'solid'
17         },
18         shadowStyle: {
19             width: 'auto',
20             color: 'rgba(150,150,150,0.3)'
21         }
22     },
23     textStyle: {
24         color: '#fff'
25     }
26 },
```

代码说明：

第 2 行：触发类型，默认数据触发，可选为：'item' ¦ 'axis'。

第 3、4 行：显示延迟，可以避免频繁切换，单位为 ms；隐藏延迟，单位为 ms。

第 5 行：动画变换时间，单位为 s。

第 6 行：提示的背景颜色。

第 7 ~ 9 行：提示边框的相关设置，有边框颜色、边框圆角和边框线宽的设置。

第 10 行：提示的内边距，单位为 px，默认各方向内边距为 5 px。

第 11 ~ 22 行：坐标轴指示器的设置，类型为直线。

第 13 ~ 17 行：直线指示器样式设置。

第 18 ~ 21 行：阴影指示器样式设置，有阴影大小和颜色的设置。

第 23、24 行：提示中文字样式的设置，有文字颜色的设置。

## 4. D3 基础

（1）SVG 画布

HTML 5 提供两种强有力的"画布"：SVG 和 Canvas。

① SVG 的特点：

- SVG 绘制的是矢量图，因此对图像进行放大不会失真。
- 基于 XML，可以为每个元素添加 JavaScript 事件处理器。
- 每个图形均视为对象，更改对象的属性，图形也会随之改变。
- 不适合游戏应用。

② Canvas 的特点：

- 绘制的是位图，图像放大后会失真。
- 不支持事件处理器。
- 能够以 .png 或 .jpg 格式保存图像。
- 适合游戏应用。

对于数据可视化，SVG 的优势显而易见，而且 D3 中很多图形生成器也是只支持 SVG 的。

（2）比例尺

利用比例尺的主要目的是将某一区域的值映射到另一区域，其大小关系不变，也就是说，让图形自适应画布的大小。

在数学中，x 的范围被称为定义域，y 的范围被称为值域。D3 中的比例尺也有定义域和值域，分别称为 domain 和 range。只要指定 domain 和 range 的范围，就可得到一个计算关系。

D3 中的比例尺最常用的有以下两种：

① 线性比例尺 d3.scale.linear()。d3.scale.linear() 返回一个线性比例尺。domain() 和 range() 分别设定比例尺的定义域和值域。

```
var dataset=[1.2, 2.3, 0.9, 1.5, 3.3];
var min=d3.min(dataset);
var max=d3.max(dataset);
var linear=d3.scale.linear()
            .domain([min, max])
            .range([0, 300]);
linear(0.9);      // 返回 0
linear(2.3);      // 返回 175
linear(3.3);      // 返回 300
```

② 序数比例尺 d3.scale.ordinal()。d3.scale.ordinal() 返回一个线性比例尺。domain() 和 range() 分别设定比例尺的定义域和值域。

```
var index=[0, 1, 2, 3, 4];
var color=["red", "blue", "green", "yellow", "black"];
var ordinal=d3.scale.ordinal()
            .domain(index)
            .range(color);
ordinal(0);      // 返回 red
ordinal(2);      // 返回 green
ordinal(4);      // 返回 black
```

（3）坐标轴

D3 中用于定义坐标轴的组件 =d3.svg.axis()，其实现代码如下：

```
1  var dataset=[2.5 , 2.1 , 1.7 , 1.3 , 0.9];
```

```
2    var linear=d3.scale.linear()
3                 .domain([0, d3.max(dataset)])
4                 .range([0, 250]);
5    var axis=d3.svg.axis()
6                 .scale(linear)
7                 .orient("bottom")
8                 .ticks(7);
```

代码说明：

第1行：定义数据。

第2～4行：定义比例尺，其中使用了数组dataset。

第5～8行：定义坐标轴，其中使用了线性比例尺linear。

第6行：指定比例尺。

第7行：指定刻度的方向。

第8行：指定刻度的数量。

追加到画布上，其代码如下：

```
svg.append("g")
    .attr("class","axis")
    .attr("transform","translate(20,130)")
    .call(axis);
```

（4）时间格式转换（Time Formatting）

在总电压的数据中有用到时间，然后直接用这个数据会发生错误，因此需要用到format方法来对其进行处理。

① d3.time.format：创建基于某种时间格式的本地时间格式转换器。

② format：将一个date对象转换成特定时间格式的字符串。

③ format.parse：将特定时间格式的字符串转换成date对象。

④ d3.time.format.utc：创建基于某种时间格式的世界标准时间（UTC）格式转换器。

⑤ d3.time.format.iso：创建基于某种时间格式的ISO世界标准时间（ISO 8601 UTC）格式转换器。

⑥ tickFormat(d3.time.format("%H:%M"))：表示刻度格式化，也就是输出时间格式为13:15的刻度。

## 任务 5.1　认识数据可视化

### 1. 任务描述

分析新能源汽车大数据分析系统中"研发与维修"模块中的新能源汽车单车监控页面，明确其需要呈现的车辆数据，并选择合适的图表进行呈现。

### 2. 任务分析

本系统以新能源汽车单车监控为例，按照可视化设计的主要流程明确问题、选取数据、匹配图表、确定风格、优化图表、检查测试，为单车监控页面创建有效的信息可视化。

### 3. 任务实施

（1）明确问题

新能源汽车大数据分析系统在对单车进行实时监控时，需要查看实时的信息包括整车信息、机电信息、电池信息、发电机信息和极值信息。

整车信息中需要实时显示单车的总电流／电压、荷电状态、车辆速度、加速踏板、自动踏板、挡位等相关信息。

机电信息中需要实时显示温度、转速／扭矩、机电电流／电压等信息。

电池信息中需要实时显示燃料电池电流／电压、燃料耗费率、浓度／压力等信息。

发电机信息中需要实时显示曲率转速、燃料消耗率等相关信息。

极值信息中需要实时显示电压、温度、电池单体代号、探针序号等相关信息。

（2）选取数据

在本系统的数据库中，与车辆数据相关的表有整车数据表、驱动电机表、燃料电池表、引擎表、定位表、极值表和警告表。根据前面分析的单车实时监控的需求，需要选取对应的表和合适的字段。

以整车信息选取数据为例，其数据可以从整车数据表中选取。整车数据表中包括车架号、数据采集时间、车辆状态、充电状态、运行模式、车辆速度、累计里程、总电压、总电流、荷电状态、挡位、绝缘电阻、加速踏板行程值、制动踏板状态等字段。具体各图表需要的数据如表 5-3 所示。

表 5-3　整车信息中各图表需要用到的字段

| 图 表 信 息 | 需 要 字 段 |
| --- | --- |
| 总电流／电压 | 车架号、数据采集时间、总电压、总电流 |
| 荷电状态 | 车架号、荷电状态 |
| 车辆速度 | 车架号、数据采集时间、车辆速度 |
| 加速踏板 | 车架号、数据采集时间、加速踏板行程值 |
| 制动踏板 | 车架号、数据采集时间、制动踏板状态 |
| 挡位 | 车架号、数据采集时间、挡位 |
| 车速／加速踏板／挡位 | 车架号、数据采集时间、车辆速度、加速踏板行程值、挡位 |

（3）匹配图表

需求明确了，数据也有了，下面就可以制作图表了。那么，要如何选择图表呢？还是以整车信息为例，总电流／电压需要反映出在某个时间段中单车的总电流和总电压的变化情况，可以用折线图、柱形图、面积图等来表示，在本系统中选用的是面积图；荷电状态需要反映蓄电池使用一段时间或长期搁置不用后的剩余容量与其完全充电状态的容量的比值，可以用饼图等来表示，在本系统中选用的是饼图中的圆环图类型。此外，车辆速度、加速踏板、制动踏板、挡位这几项都是需要反映出某个时间段的变化情况，因此都可选用折线图、柱形图、面积图等来实现。整车信息各图表的选用如表 5-4 所示。

表 5-4　整车信息各图表的选用

| 图 表 信 息 | 可以用的图表 | 本系统选用的图表 |
|---|---|---|
| 总电流 / 电压 | 折线图、柱形图、条形图、面积图、直方图、K线图、矩形树图 | 面积图 |
| 荷电状态 | 饼图、环形图、堆叠面积图、堆叠柱状图 | 圆环图 |
| 车辆速度 | 折线图、柱形图、条形图、面积图、直方图、K线图、矩形树图 | 条形图 |
| 加速踏板 | 折线图、柱形图、条形图、面积图、直方图、K线图、矩形树图 | 折线图 |
| 制动踏板 | 折线图、柱形图、条形图、面积图、直方图、K线图、矩形树图 | 面积图 |
| 挡位 | 折线图、柱形图、条形图、面积图、直方图、K线图、矩形树图 | 柱形图 |
| 车速 / 加速踏板 / 挡位 | 折线图、柱形图、条形图等的组合图 | 折线与柱形图的组合图 |

（4）确定风格

图表的风格应与网站整体风格一致。本系统平台整体的视觉风格为目前主流的扁平化风，在色彩上采用明度偏暗的蓝色（■ #0d2458）为标准色，代表科技与创新；再配以蓝色系的其他颜色，如■ #6aace9、■ #1d48a6、■ #427dff，以及■ #19e1e1、■ #39c39f、■ #01de99、■ #ec6e6f、■ #e84e68 等颜色为辅助色，图表中要呈现的趋势变化等就是用这些明亮色系的颜色来突显出来的，如车速 / 加速踏板 / 挡位表的设计效果如图 5-25 所示。

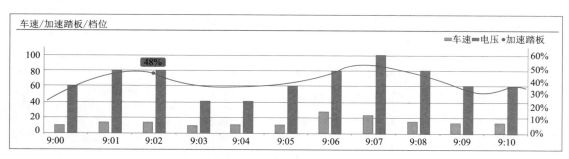

图 5-25　车速 / 加速踏板 / 挡位表

（5）优化图表

确定选用的图表和其风格后，还需要继续优化图表，使其最终的呈现效果更易理解。比如，调整 $x$ 轴和 $y$ 轴的刻度单位直到合理、调整刻度之间的间隔值、给排名数据先进行排序、加上交互导航，使图形更"可视"等。

（6）检查测试

最后一个环节是检查测试，应从头到尾看一遍是否满足需求；在不同的浏览器中预览效果，以确定用户是否方便阅读，以及兼容性、动效能否达到预期，色差是否能接受等。

**4. 同步训练**

分析新能源汽车大数据分析系统中"研发与维修"模块中的统计分析页面，明确其需要呈现的分析数据，并选择合适的图表进行呈现。

## 任务 5.2　使用 ECharts 实现车辆数据可视化

**1. 任务描述**

研发维修板块中，单车监控页面需要提供车辆速度、总电流、总电压等图表，统计分析中需要提供新增故障比例、新增故障数量、车辆城市分布 Top10 等图表，从而为相关人员的工作提供参考数据。本次任务中采用 ECharts 实现其中车辆城市分布 Top10、新增故障比例、总电流的图表。

**2. 任务分析**

单车监控和统计分析页面中的车辆城市分布 Top10、新增故障比例、总电流这 3 张图表，根据对其所要反馈的情况，分别用柱形图、饼图、面积图来表示。通过获取 ECharts、引入 ECharts、制作图表、完善图表 4 个步骤最终完成所需的图表。

**3. 任务实施**

（1）获取 ECharts

在浏览器中输入网址 https://echarts.apache.org，下载 ECharts 的源代码版本，并保存到站点文件夹中，如图 5-26 所示。

图 5-26　下载 ECharts 源代码

（2）引入 ECharts

从 ECharts 3 开始引入方式更为简单，只需要像普通的 JavaScript 库一样用 script 标签引入即可，具体代码如下：

```
1  <!DOCTYPE html>
2  <html>
3  <head>
4      <meta charset="utf-8">
5      <!-- 引入 ECharts 文件 -->
6      <script src="echarts.min.js"></script>
```

```
7   </head>
8   </html>
```

**注意**：引入的 ECharts 的路径应该是在项目中存放的相对路径。

（3）制作图表

① 车辆城市分布 Top10（柱形）图表创建。

在 HTML 增加一个具备宽高的 DOM 容器（div）用于放置图表。

```
<body>
    <!-- 为 ECharts 准备一个具备大小（宽高）的 DOM -->
    <div id="main" style="width: 600px;height:400px;"></div>
</body>
```

编写 JavaScript，基于准备好的 DOM，通过 echarts.init 方法初始化一个 ECharts 实例。

```
<script type="text/javascript">
    var myChart = echarts.init(document.getElementById('main'));
</script>
```

指定图表的配置项和数据，通过 setOption 方法生成车辆城市分布柱形图，代码如下：

```
1   var option={
2       title: {
3            text: '车辆城市分布 Top10'
4       },
5       tooltip: {},
6        xAxis: {
7             data: ["苏州","无锡","南京","北京","上海","天津","重庆","成都","广州","深圳"]
8          },
9       yAxis: {},
10      series: [{
11           type: 'bar',
12           data: [112, 134,123, 1, 34, 67, 76,67,45,45]
13       }]
14   };
```

代码说明：

第 2 ~ 4 行：图表的主标题。

第 6 ~ 8 行：横坐标显示城市。

第 10 ~ 13 行：柱形图中每个柱子对应的数据。

使用指定的配置项和数据显示图表，完成的效果如图 5-27 所示，具体代码如下：

```
myChart.setOption(option);
```

② 新增故障比例（饼状）图表创建。

在 HTML 增加一个具备宽高的 DOM 容器（div）用于放置图表，与上案例方法相同，不再重复。

编写 JavaScript，基于准备好的 DOM，通过 echarts.init 方法初始化一个 ECharts 实例，与以上案例方法相同，不再重复。

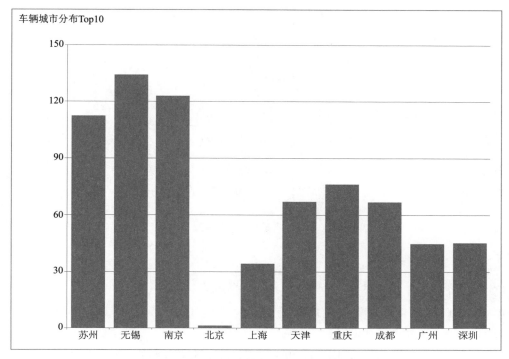

图 5-27　车辆城市分布 Top10 柱形图初始效果图

指定图表的配置项和数据，通过 setOption 方法生成基于车辆城市分布排行的饼图，代码如下：

```
1   option={
2       tooltip: {
3           trigger: 'item',
4           formatter: "{a} <br/>{b}: {c} ({d}%)"
5       },
6       legend: {
7           orient: 'vertical',
8           x: 'right',
9           data:['电池组','电机','发动机','其他']
10      },
11      series: [
12          {
13              name:'series()',
14              type:'pie',
15              radius: ['50%', '70%'],
16              avoidLabelOverlap: false,
17              label: {
18                  normal: {
19                      show: false,
20                      position: 'left'
21                  },
22                  emphasis: {
23                      show: false,
```

```
24                    }
25              },
26              labelLine: {
27                    normal: {
28                          show: false
29                    }
30              },
31              data:[
32                    {value:800, name:'电池组'},
33                    {value:586, name:'电机'},
34                    {value:504, name:'发动机'},
35                    {value:725, name:'其他'},
36              ]
37         }
38    ]
39 };
```

代码说明：

第 2 ~ 5 行：提示样式设置。

第 6 ~ 10 行：图例样式设置，右侧垂直显示。

第 11 ~ 38 行：饼图样式设置。

第 15 行：饼图的半径设置，内半径 50% 可视，外半径 70% 可视，从而形成圆环图。

第 31 ~ 36 行：饼图的占比数据。

使用指定的配置项和数据显示图表，与上案例方法相同不再重复，完成的效果如图 5-28 所示。

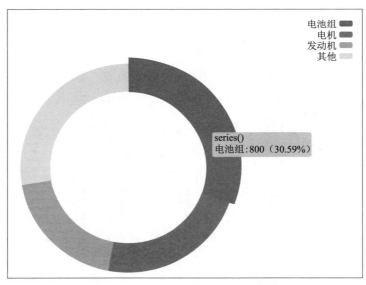

图 5-28　新增故障比例饼图初始效果图

③ 总电流（面积）图表创建。

在 HTML 增加一个具备宽高的 DOM 容器（div）用于放置图表，与以上案例方法相同，不再重复。

　　编写 JavaScript，基于准备好的 DOM，通过 echarts.init 方法初始化一个 ECharts 实例，与以上案例方法相同，不再重复。

　　指定图表的配置项和数据，通过 setOption 方法生成基于车辆城市分布排行的面积图，代码如下：

```
 1  option={
 2      xAxis: {
 3          type: 'category',
 4          boundaryGap: false,
 5          data: ['13:00', '13:05', '13:10', '13:15', '13:20', '13:25', '13
:30',"13:35","13:40","13:45", "13:50","13:55"]
 6      },
 7      yAxis: {
 8          type: 'value'
 9      },
10      series: [{
11          data: [180, 185, 130, 150, 120, 220, 110,300,140,125,160,125],
12          type: 'line',
13          smooth: true,
14          areaStyle: {}
15      }]
16  };
```

代码说明：

第 2 ～ 6 行：对 x 轴进行设置，data 为时间。

第 10 ～ 15 行：对面积图进行设置，data 为相应时间点对应的数据。

使用指定的配置项和数据显示图表，与以上案例方法相同不再重复，完成的效果如图 5-29 所示。

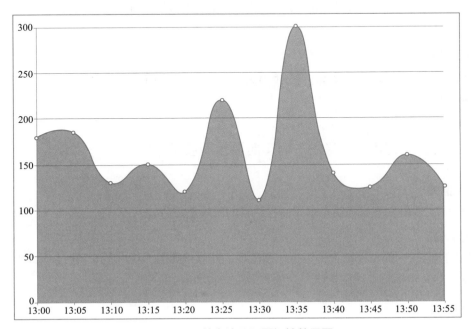

图 5-29　总电流面积图初始效果图

（4）完善图表

以完善车辆城市分布 Top10（柱形）图表为例，其步骤如下：

① 修改 x 轴和 y 轴中文字的颜色，分别在 xAxis 和 yAxis 中添加如下代码：

```
axisLine: {
    lineStyle: {
        color: "#999",
    }
},
```

② 将柱子的颜色改为渐变色，在 series 中添加如下代码：

```
1  itemStyle: {
2      normal: {
3          color: new echarts.graphic.LinearGradient(0, 0, 0, 1, [{
4              offset: 0,
5              color: '#5A91E1'
6          }, {
7              offset: 1,
8              color: '#5DB6F3'
9          }])
10     }
11 }
```

代码说明：

第 3 行：echarts.graphic.LinearGradient，echarts 内置的渐变色生成器，使用时传入了 5 个参数，前 4 个参数用于配置渐变色的起止位置，这 4 个参数依次对应右 / 下 / 左 / 上 4 个方位，而 0 0 0 1 则代表渐变色从正上方开始；第 5 个参数是一个数组，用于配置颜色的渐变过程，每一项为一个对象，包含 offset 和 color 两个参数。offset 的范围是 0 ~ 1，用于表示位置；color 表示颜色。

**4. 同步训练**

参考 ECharts 官网案例，结合任务 5.1 中确定的单车监控页面需求以及图表样式，用 ECharts 将相关图表在本页面中呈现。

## 任务 5.3　使用 D3 完成车辆实时监控可视化

**1. 任务描述**

采用 D3 实现研发维修板块中单车监控栏目的图表。

**2. 任务分析**

单车时间监控中的加速踏板采用折线图呈现，其效果如图 5-30 所示，通过添加 SVG 画布、准备数据、定义坐标轴、绘制折线、绘制数据点来实现。

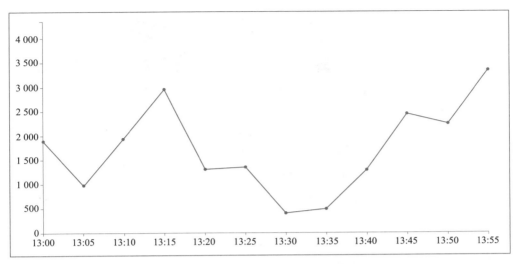

图 5-30 D3 实现的加速踏板折线图效果

## 3. 任务实施

（1）下载并加载 D3 文件

① 在浏览器中输入 https://d3js.org/，打开 D3.js 官网界面，如图 5-31 所示。

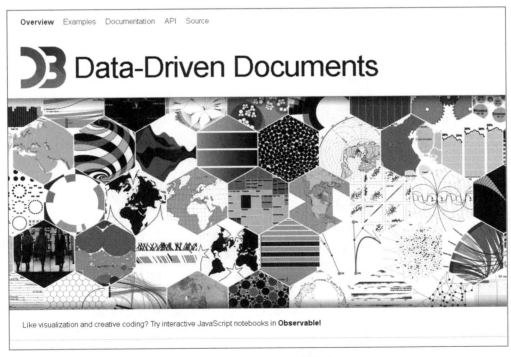

图 5-31 D3.js 官网界面

② 在首页上找到 D3.js，如图 5-32 所示，并将其下载下来。

Like visualization and creative coding? Try interactive JavaScript notebooks in **Observable!**

**D3.js** is a JavaScript library for manipulating documents based on data. **D3** helps you bring data to life using HTML, SVG, and CSS. D3's emphasis on web standards gives you the full capabilities of modern browsers without tying yourself to a proprietary framework, combining powerful visualization components and a data-driven approach to DOM manipulation.

Download the latest version (5.9.2) here:

- d3.zip

To link directly to the latest release, copy this snippet:

```
<script src="https://d3js.org/d3.v5.min.js"></script>
```

图 5-32 下载 D3.js 的网页位置

③ 新建网页文件，并将 D3.js 导入该文件中，导入的代码如下：

```
<script type="text/javascript" src="d3.min.js"></script>
```

**注意**：也可以不下载 D3.js，直接用如下代码导入到网页中。

```
<script src="https://d3js.org/d3.v5.min.js"></script>
```

（2）添加 SVG 画布

① 在 html 的 body 元素中添加 svg，在该元素上绘制折线图。具体代码如下：

```
<svg width="1000" height="500"></svg>
```

② 定义长和宽等一些常量，画图时会用到。

```
var svg=d3.select("svg"),
    WIDTH=1000,
    HEIGHT=500,
    MARGINS={top: 20,right: 20,bottom: 20,left: 50};
```

（3）准备数据

```
var data = [["13:00",1900],["13:05",950],["13:10",1950],["13:15",2950],[
"13:20",1300],["13:25", 1350],["13:30",400],["13:35",490],["13:40",1300],["1
3:45",2450],["13:50",2250],["13:55",3350]];
```

（4）定义坐标轴

① 定义 y 轴比例尺。利用 D3 的 d3.scale.linear 方法中的 range 和 domain 属性来创建 y 轴刻度。其中 range 定义可以用来绘图的区域，domain 定义轴上的最大和最小刻度值。其代码如下：

```
var yScale=d3.scale.linear()
            .range([HEIGHT - MARGINS.top, MARGINS.bottom])
            .domain([0, d3.max(data,function(d){return d[1]})*1.3]);
```

② 定义 x 轴比例尺。利用 D3 的 d3.scale.linear 方法中的 range 和 domain 属性来创建 x 轴刻度。由于 x 轴需要显示时间，首先，需要通过 d3.time.format 创建特定的时间格式，再通过 parse 方

法将时间解析成一个时间字符串输出。其具体代码如下：

```
var format=d3.time.format("%H:%M");
var xScale=d3.time.scale()
              .range([MARGINS.left, WIDTH - MARGINS.right])
              .domain([format.parse(data[0][0]),format.parse(data[data.
length-1][0])]);
```

③ 定义坐标轴。利用 d3.svg.axis 的 API 上面定义好的刻度来定义 x、y 轴。其具体代码如下：

```
var xAxis=d3.svg.axis()
              .scale(xScale)
              .tickFormat(d3.time.format("%H:%M"))
var yAxis=d3.svg.axis()
              .scale(yScale)
              .orient("left");
```

④ 将定义的坐标轴刻度追加到画布上。

```
svg.append("g")
   .attr("transform", "translate(0," + (HEIGHT - MARGINS.bottom) + ")")
   .attr("class", "axis")
   .call(xAxis);
svg.append("g")
   .attr("transform", "translate(" + (MARGINS.left) + ",0)")
   .attr("class", "axis")
   .call(yAxis);
```

⑤ 定义刻度样式（axis）。

```
.axis path,
.axis line {
  fill: none;
  stroke: #000;
  shape-rendering: crispEdges;
}
.axis text {
    font-family: sans-serif;
    font-size: 11px;
}
```

（5）绘制折线

① 利用 D3 提供了 API 方法 d3.svg.line() 来画线。

```
var lineGen=d3.svg.line()
.x(function(d) {
  return xScale(format.parse(d[0]));
})
.y(function(d) {
  return yScale(d[1]);
});
```

② 为绘制出的直线添加外观属性。

```
svg.append('path')
    .attr('d', lineGen(data))
    .attr('stroke', 'green')
```

```
    .attr('stroke-width', 2)
    .attr('fill', 'none');
```

③ 添加数据点。

```
svg.selectAll("circle")
    .data(data)
    .enter()
    .append("circle")
    .attr("r", 3)
    .attr("cx", function(d) { return xScale(format.parse(d[0])); })
    .attr("cy", function(d) { return yScale(d[1]); })
    .attr("fill","orange")
    .attr("stroke-width","1")
```

### 4. 同步训练

① 利用 D3.js 制作一张车辆速度的条形图，其效果如图 5-6 所示。

② 利用 ECharts 为车辆销售页面设计图表，要求合理分析销售需求数据，选取有用数据和合理的图表类型进行制作。参考效果如图 5-33 ~ 图 5-35 所示。

③ 利用 D3.js 制作一张 4 个季度新能源车销量统计的柱形图，其效果如图 5-36 所示。

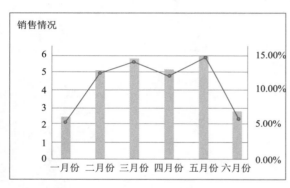

图 5-33　销售情况表

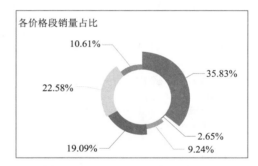

图 5-34　各价格段销量占比

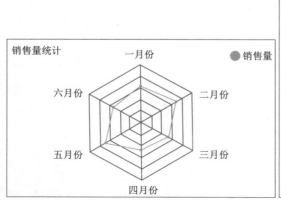

图 5-35　销量统计

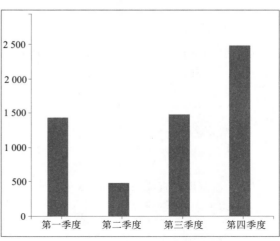

图 5-36　四季度新能源车销量统计

## 单元小结

本单元以新能源汽车单车监控页面和统计分析页面中要呈现的图表为项目任务，通过任务分解介绍了数据可视化的步骤，并在此步骤基础上介绍了利用 ECharts 实现常用图表，如柱形图、饼图和面积图的实现方法；此外，还介绍了利用 D3.js 实现常规图表折线图的方法。

## 课后练习

### 一、选择题

1. 不能很好地表达比较关系的图表是（　　　）。

A. 柱形图　　　　　B. 饼图　　　　　C. 雷达图　　　　　D. 曲线图

2. 在 ECharts 中用于说明柱形图的是（　　　）。

A. line　　　　　B. bar　　　　　C. pie　　　　　D. radar

3. 在 ECharts 中，如果要设置图例效果应该对（　　　）属性进行设置。

A. chart　　　　　B. axis　　　　　C. legend　　　　　D. tooltip

### 二、填空题

1. HTML 5 提供的两种强有力的"画布"分别是_____和_____。

2. ECharts 中，如果要修改图表标题内容，应该在_____的_____属性中进行设置。

### 三、简答题

1. 创建有效可视化的步骤有哪些？

2. ECharts 提供了哪些图表类型？请举例说明。

### 四、操作题

选择一种常用的可视化图表库，制作一张 SUV 市场年度销量走势，相关数据如表 5-5 所示。

表 5-5　SUV 年度销量情况表

| 年　份 | 2015 | 2016 | 2017 | 2018 |
|---|---|---|---|---|
| 销　量 | 6 955 381 | 9 697 139 | 11 036 401 | 10 735 543 |

# 单元 6
## 数据可视化整合

ECharts 是一个使用 JavaScript 实现的开源可视化库，可以流畅地运行在 PC 和移动设备上，并兼容当前绝大部分浏览器。ECharts 提供了功能丰富的图表，对于展示数据是不错的选择。数据可视化的核心是"数据"，可以采用 VUE 技术加载后台动态数据并通过 ECharts 可视化插件进行展示。上一单元学习了 ECharts 的基本语法和使用方法，而本单元将重点讲解 VUE 动态加载后台数据和前台 ECharts 可视化的整合应用开发，提高 ECharts 的复用性。本单元的知识导图如图 6-1 所示。

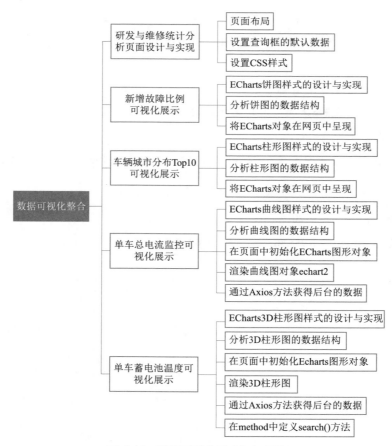

图 6-1　数据可视化整合知识导图

## 单元描述

对于研发和维修人员而言，车辆的统计数据监控和实时数据监控是两个核心模块，本单元将通过 ECharts、Axios 等技术实现后台车辆数据（统计数据、实时数据）的可视化呈现。统计数据包括车辆故障比例、能耗统计、蓄电池平均电流电压、车辆城市分布等，单车实时数据监控主要包括车速实时监控、电流电压实时监控、电池温度实时监控以及相关极值的实时监控。

### 1. 知识要求

① 学习 DIV+CSS 搭建网页框架的方式。
② 了解 Ajax 技术，学习其工作原理。
③ 了解 VUE 中的 Axios，学习其参数和类型。
④ 学习 VUE 生命周期相关内容。
⑤ 学习利用 ECharts 实现 JSON 数据的呈现方式，并具备交互功能。
⑥ 学习利用轮询技术实现数据的实时展示的方式。

### 2. 能力要求

① 熟练掌握 HTML+CSS 进行网页制作的方法。
② 熟练掌握 Vue 中的 Axios 方法，能够利用 Axios() 获取数据。
③ 熟练掌握脚本处理 ECharts 不同类型图表对象所需的数据格式等。
④ 熟悉轮询技术，能实现车辆数据的实时更新。

### 3. 素质要求

① 具有良好的与人沟通能力和良好的团队合作精神。
② 具备较强的网页设计创意思维、艺术设计素质和创新思想。
③ 具有一定的科学思维方式和分析问题、解决问题的能力。

## 任务分解

| 任务名称 | 任务目标 | 安排课时 |
| --- | --- | --- |
| 任务 6.1 研发与维修统计分析页面设计与实现 | 完成"研发与维修统计分析"页面的设计与实现 | 2 |
| 任务 6.2 新增故障比例可视化展示 | 通过 Vue+ECharts 技术实现故障比例饼图 | 2 |
| 任务 6.3 车辆城市分布 Top10 可视化展示 | 通过 Vue+ECharts 技术实现城市分布 Top10 柱形图 | 2 |
| 任务 6.4 单车总电流监控可视化展示 | 通过 Vue+ECharts 技术实现单车总电流曲线图 | 2 |
| 任务 6.5 单车蓄电池温度可视化展示 | 通过 Vue+ECharts 技术实现蓄电池温度 3D 图 | 2 |
| 总计 | | 10 |

## 知识要点

### 1. Ajax 介绍

Ajax 是一个无须重新加载整个网页就可以更新局部页面或数据的技术（异步的发送接收数据，不会干扰当前页面）。

（1）Ajax 工作原理

Ajax 在使浏览器和服务器之间多了一个 Ajax 引擎作为中间层。通过 Ajax 请求服务器时，Ajax 会自行判断哪些数据需要提交到服务器，哪些不需要。只有确定需要从服务器读取新数据时，Ajax 引擎才会向服务器提交请求，具体工作原理如图 6-2 所示。

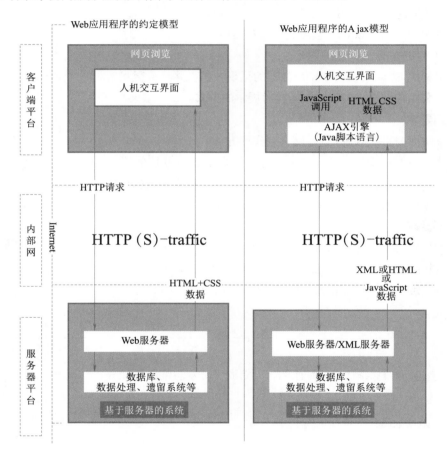

图 6-2 Ajax 工作原理

（2）VUE 中的 Axios

Axios 是一个基于 promise 的 HTTP 库，可以用在浏览器和 Node.js 中。Axios 本身具有以下特征：从浏览器中创建 XMLHttpRequests、从 Node.js 创建 HTTP 请求、支持 Promise API、拦截请求和响应、转换请求数据和响应数据、取消请求、自动转换 Json 数据。Axios 参数如表 6-1 所示。

表 6-1　Axios 参数

| 参　　数 | 类　　型 | 说　　明 |
|---|---|---|
| url | String | 请求的地址 |
| method | String | 请求方式：POST 或 GET，默认为 GET |
| headers | String | 设置请求的 header，例如 'Content-Type': 'application/x-www-form-urlencoded' |
| baseURL | String | 将自动加在 'url' 前面，除非 'url' 是一个绝对 URL |
| data | Object 或 String | 发送到服务器的数据，键值对或字符串 |
| params | Object | 是即将与请求一起发送的 URL 参数，必须是一个无格式对象（plain object）或 URLSearchParams 对象 |
| transformRequest | Function | 允许在向服务器发送前修改请求数据（请求前处理），只能用在 'PUT'、'POST' 和 'PATCH' 这几个请求方后面，数组中的函数必须返回一个字符串，或 ArrayBuffer 或 Stream |
| then | Function | 后台返回结果 |
| catch | Function | 网络错误或后台服务器出 bug 等 |

代码示例：

```
axios({
  method: 'post',
  url: '/user/12345',
  data:{ firstName: 'Fred',            // 参数 firstName
    lastName: 'Flintstone'            // 参数 lastName
  }
})
.then(function (response) { console.log(response); })
.catch(function (error) { console.log(error); });
```

（3）JQuery 中的 Ajax

JQuery 对 Ajax 做了大量的封装，用户不需要去考虑浏览器兼容性，同时使用起来也较为方便。JQuery 对 Ajax 一共有 3 层封装。底层为 $.ajax()，第二层为 .load()、$.get() 和 $.post()，最高层为 $.getScript() 和 $.getJSON()。

$.Ajax() 是所有 Ajax 方法中最底层的方法，其余都是基于 $.Ajax() 方法的封装，该方法只有一个参数 -JQueryAjaxSettings（功能键值对）。$.Ajax 常用参数如表 6-2 所示。

表 6-2　$.Ajax 常用参数

| 参　　数 | 类　　型 | 说　　明 |
|---|---|---|
| url | String | 请求的地址 |
| type | String | 请求方式 POST 或 GET，默认为 GET |
| data | Object 或 String | 发送到服务器的数据，键值对或字符串 |
| dataType | String | 从服务器返回的数据类型，比如 HTML、XML、JSON 等 |
| success | Function | 请求成功后调用的回调函数，先执行 success 再执行 complete |
| contentType | String | 指定请求内容的类型。默认为 application/x-www-form-urlencoded |
| async | Boolean | 指定是否异步处理。默认为 true，false 为同步处理 |

代码示例:

```
$('button').click(function(){
    $.ajax({
        type:'post',
        url:'test',
        dataType:'json',
        success:function(data){
            alert(data);
        },
    } )
});
```

## 2. VUE 的生命周期

VUE 的生命周期包括 beforeCreate、created、beforeMount、mounted，如图 6-3 所示。虽然图 6-3 中 4 个状态是顺序执行的，然而在实际运行过程中这 4 个状态是同步进行的。

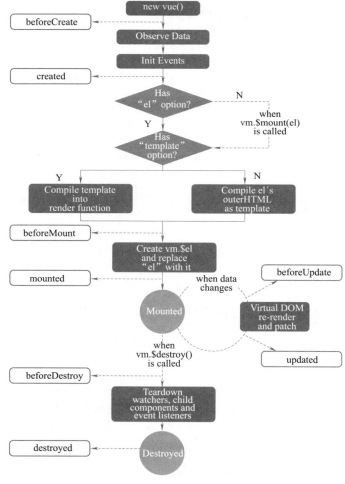

图 6-3　Vue 生命周期

通过下面一个例子来讲解生命周期，如图 6-4 所示。

```
  },
  beforeCreate () {
    console.log( 'beforeCreate' );
    setTimeout( () => {
      console.log( 'asynchronous beforeCreate' );
    })
  },
  created () {
    console.log( 'created' );
    setTimeout( () => {
      console.log( 'asynchronous created' );
    })
  },
  beforeMount () {
    console.log( 'beforeMount' );
    setTimeout( () => {
      console.log( 'asynchronous beforeMount' );
    })
  },
  mounted () {
    console.log( 'mounted' );
    setTimeout( () => {
      console.log( 'asynchronous mounted' );
    })
  },
```

```
  beforeCreate
  created
  beforeMount
  mounted
ⓘ Download the Vue Devtools extension for a better development experience:
  https://github.com/vuejs/vue-devtools
  asynchronous beforeCreate
  asynchronous created
  asynchronous beforeMount
  asynchronous mounted
```

图 6-4    生命周期示例

从图 6-4 所示中的代码及运行结果可以看出，生命周期都是同步的，异步都在生命周期之后执行。

如此可知在任务 6.2 中，mounted 方法中调用的 drawFailureRatio() 方法，如果定义不加 async，那么调用该方法时还没有获得后台请求的数据，就无法输出可视化图表。如果定义加入 async，则表示该方法是异步方法，并且在 Axios 获取数据前加 await 表示，执行完 Axios 方法才能执行其后的代码，这样就保证了显示图表前先获取到数据。

### 3. async 与 await

async 作为一个关键字放到函数前面，用于表示函数是一个异步函数，因为 async 就是异步的意思。异步函数也就意味着该函数的执行不会阻塞后面代码的执行。async 函数返回的是一个 promise 对象。

await 的含义为等待。需要等待 await 后面的函数运行完并且有了返回结果之后，才继续执行下面的代码。这正是同步的效果。

async/await 是一个用同步的思维来解决异步问题的方案，需要等到接口返回值以后渲染页面时才进行当前端接口调用。

#### 4. ECharts 实现 Web 可视化图表绘制

EChares 实现 Web 可视化图表绘制过程如图 6-5 所示。

具体详细步骤如下：

① 引入 ECharts 图标库。在 package.json 文件中 dependencies 属性添加 ECharts 的依赖。

② 页面创建 DOM 容器，见任务 6.1。

③~⑤ 初始化 ECharts 实例、获取并配置图表数据、绘制图表导入 DOM 容器，详见任务 6.2 至任务 6.5。

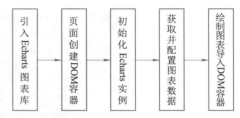

图 6-5 ECharts 实现 Web 可视化图表绘制过程

```
"dependencies": {
    "echarts": "^4.2.1",
    "echarts-gl": "^1.1.1",
    "element-ui": "^2.4.11",
    "es6-promise": "^4.2.4",
    "jquery": "^3.3.1",
    "vue": "^2.5.2",
    "vue-axios": "^2.1.4",
    "vue-chart": "^2.0.0",
    "vue-qr": "^1.5.2",
    "vue-router": "^3.0.1",
    "vue-slider": "^1.1.1",
    "vue-waterfall": "^1.0.6",
    "vuex": "^3.0.1"
},
```

## 任务 6.1 研发与维修统计分析页面设计与实现

#### 1. 任务描述

本任务完成研发与维修统计分析页面的页面布局，为接下来进行数据可视化展示做好初步准备。研发与维修统计分析页面整体布局效果如图 6-6 所示。

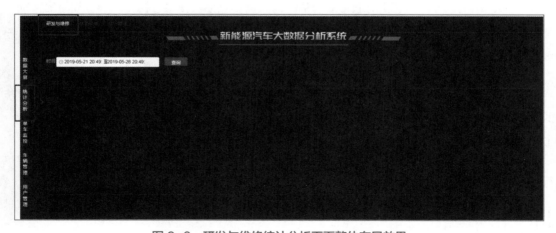

图 6-6 研发与维修统计分析页面整体布局效果

## 2. 任务分析

页面 div 结构设计如图 6-7 所示。

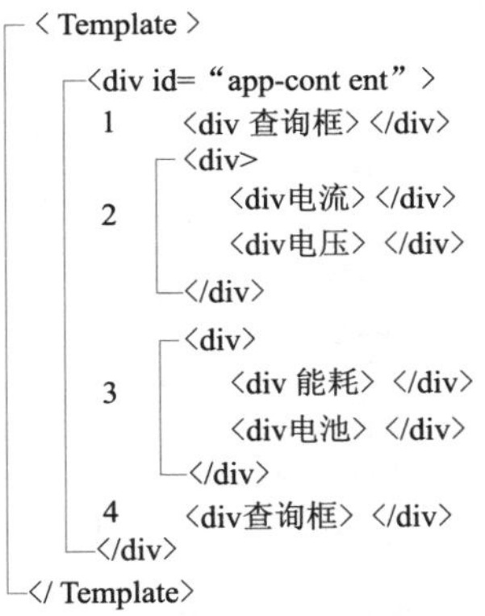

## 3. 任务实施

（1）页面布局

新建文件 dataStatistics.vue，添加 <template></template> 标签，<

```
<template>
<div id="app-content">
<div class="containerBox">
<div style="padding: 28px 0 28px 20px;"class="ba">
<div class="searchInputBox">
<div class="inputItem pr">
<p style="float:left;margin:0;line-height:35px;
padding-right:4px"class="searchName">
         时间 </p>
<el-date-picker
v-model="value"
type="datetimerange"
:picker-options="pickerOptions"
range-separator=" 至 "
start-placeholder=" 开始日期 "
end-placeholder=" 结束日期 "
align="right">
</el-date-picker>
</div>
<div class="inputItem buttonItem">
<el-buttontype="primary"class="basicBtn basicBlueBtn"@click="search"> 查询
</el-button>
</div>
</div>
</div>
<div>
<div style="float:left;"class="ba aa">
<div class="tabItem">
<p class="tabItemTitle"> 新增故障比例 </p>
<div class="tabItemConent">
<div id='failureRatio'></div>
</div>
</div>
</div>
<div style="float:right;"class="ba aa">
<div class="tabItem">
<p class="tabItemTitle"> 新增故障数量 </p>
<div class="tabItemConent">
<div id='failureNum'></div>
</div>
</div>
</div>
</div>
<div>
```

〈 Template 〉
　〈div id=" app-cont ent" 〉
　　1　〈div 查询框〉〈/div〉
　　2　〈div〉
　　　　〈div电流〉〈/div〉
　　　　〈div电压〉〈/div〉
　　　〈/div〉
　　3　〈div〉
　　　　〈div 能耗〉〈/div〉
　　　　〈div电池〉〈/div〉
　　　〈/div〉
　　4　〈div查询框〉〈/div〉
　〈/div〉
〈/ Template〉

图 6-7　页面 div 结构设计

```
<div style="float:left;"class="ba aa">
<div class="tabItem">
<p class="tabItemTitle"> 能耗统计数据 </p>
<div class="tabItemConent">
<div id='energy'></div>
</div>
</div>
</div>
<div style="float:right;"class="ba aa">
<div class="tabItem">
<p class="tabItemTitle"> 蓄电池平均电流电压 </p>
<div class="tabItemConent">
<div id='AvgVC'></div>
</div>
</div>
</div>
</div>
<div>
<div style="float:left;width: 100%;height:500px;"class="ba">
<div class="tabItem">
<p class="tabItemTitle"> 车辆城市分布 Top10</p>
<div class="tabItemConent"style="height:450px;">
<div id='CityTop'></div>
</div>
</div>
</div>
</div>
</div>
</div>
</div>
</template>
```

（2）设置查询框的默认数据

在 <template> 下面，添加 <script></script>，设置查询框中的时间选择器的默认配置，详细代码如下：

```
<script>
export default {
   data () {
    return{
     sz_vin:'',
     pnumber:'',
     uploadtime:'',
     value: [new Date().getTime()-3600*1000*24*7,new Date().getTime()],
     pickerOptions: {
      shortcuts: [{
        text:' 最近一周 ',
        onClick(picker) {
        constend=new Date();
        conststart=new Date();
        start.setTime(start.getTime()-3600*1000*24*7);
        picker.$emit('pick', [start, end]);
```

```
          }
        }, {
          text:'最近一个月',
          onClick(picker) {
          constend=new Date();
          conststart=new Date();
          start.setTime(start.getTime()-3600*1000*24*30);
          picker.$emit('pick', [start, end]);
            }
          }, {
          text:'最近三个月',
          onClick(picker) {
          constend=new Date();
          conststart=new Date();
          start.setTime(start.getTime()-3600*1000*24*90);
          picker.$emit('pick', [start, end]);
            }
          }]
        },
          value2:''
        }
      }
```

（3）设置 CSS 样式

页面详细代码如下：

```css
<style scoped>
 #app-content{
    position: fixed;
    width: 96%;
    margin-left: 3%;
    min-width: 1000px;
    padding-bottom: 60px;
    overflow: hidden;
 }
 #app-content>div {
 /* 子容器比父容器的宽度多 17 px，经测正好是滚动条的默认宽度 */
    width: calc(100%+30px);
    line-height: 30px;
    overflow-y: scroll;
 }
 .containerBox{
    padding: 20px20px20px20px;
    width: calc(100%-20px);
    height:100%;
 }

#failureRatio,#failureNum,#AvgVC,#energy,#CityTop{
    height: calc(100%-20px);
    border-radius: 3px;
}
 .aa{
```

```
    width: 49%;
    height: 400px;
    margin:15px015px0px;
  }
</style>
```

**4. 同步训练**

实现研发与维修单车监控页面，要求有当前车辆速度仪表盘监控显示、总电流监控显示、总电压监控显示、蓄电池温度监控显示和极值信息显示。

## 任务 6.2　新增故障比例可视化展示

**1. 任务描述**

新能源车辆的常见故障包括电池组、电机、发动机和其他，将后台数据通过 VUE 的 Axios 方法异步获取，并将数据以可视化图表的方式进行呈现。新增故障比例可视化效果如图 6-8 所示。

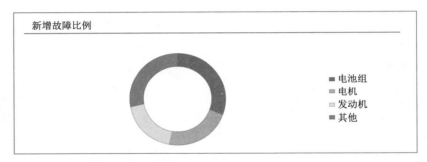

图 6-8　新增故障比例可视化效果

**2. 任务分析**

在本任务中，"新增故障"包括电池组、电机、发动机和其他，可以查看各种故障类型的比例，展示其构成比例，也可以选择用饼图呈现，实现过程分为 3 个步骤：

① 在 ECharts 官网设计好饼图的样式，可以得到相关饼图的 Option 属性设置。

② 分析饼图的数据结构。

③ 在页面中初始化 ECharts 图形对象，通过 Axios 方法获得后台的数据，并根据饼图对象所需要的数据格式进行转换。

**3. 任务实施**

（1）ECharts 饼图样式的设计与实现

通过第 5 单元对 ECharts 的学习，设计一个简单的 ECharts 饼图，其代码如下：

```
option={
        tooltip: {
            trigger: 'item',
            textStyle: {
```

```
                color: '#fff'
            },
            formatter: "{a} <br/>{b} : {c} ({d}%)"
        },
        legend: [{
                orient: 'vertical',
                left: "60%",
                y: 'center',
                icon: 'rect',
                textStyle: {
                    color: '#cddafd',
                    fontSize: 14,
                    width: 207,
                    height: 20
                },
                padding: [30, 0, 30, 0],
                itemWidth: 10,
                itemHeight: 5,
                itemGap: 20,
                data: [' 电池组 ',' 电机 ',' 发动机 ',' 其他 ']
            },
        ],
        series: [{
            type: 'pie',
            radius: ['50%', '70%'],
            center: ['30%', '50%'],
            data: [{"name": " 电池组 ","value": 800},
            {"name": " 电机 ", "value": 586 },
            {"name": " 发动机 ", "value": 504},
            {"name": " 其他 ", "value": 725 }],
            itemStyle: {
                normal: {
                    label: {
                        show: false
                    },
                    shadowColor: '#438bff',
                    shadowBlur: 20
                },
            }
        }]
    };
```

（2）分析饼图的数据结构

饼图数据包括图例数据和系列数据两类，其中图例数据（legend）的 JSON 数据表示故障类型，其结构为：data: [' 电池组 ',' 电机 ',' 发动机 ',' 其他 ']，是一个字符串数组；系列数据表示故障类型和故障数量，其 JSON 数据结构为：data: [{"name": " 电池组 ","value": 800},…]，是一个包含 name 和 value 两个属性的对象的数组，因此后台的数据传递来之后要按照这两种数据格式要求进行处理。

（3）将 ECharts 对象在网页中呈现

① 在 <script> 的 data () 中添加 ECharts 对象的声明，代码如下：

```
exportdefault {
data () {
        return{
        ...
        echart:null
    }
}
```

② 在 mounted 中对 ECharts 对象进行初始化。

```
1. mounted() {    // 新增故障比例 -- 饼图
2.   this.echart=this.$echarts.init(document.getElementById("failureRatio"));
3.   this.drawFailureRatio();
4. }
```

代码说明：

第 2 行：将 id 为 "failureRatio" 的 div 对象初始化为 ECharts 对象，命名为 "echart"。

第 3 行：在 mounted 中调用 drawFailureRatio() 方法。

③ 定义 drawFailureRatio() 方法实现故障比例图的渲染和数据呈现方式。

```
1. async drawFailureRatio(){
2.       varsourcedata=[];
3.       varlegenddata=[];
4.       await this.axios('static/json/failureRatio.json').then(res=> {
5.         vardata=res.data.data2
6.           sourcedata=data;
7.           for(vari=0;i<data.length;i++){
8.               legenddata.push(data[i].name)
9.           }
10.       }).catch(err=> {
11.         console.log(err)
12.       })
13.       letoption={
14.         tooltip: {
15.             trigger:'item',
16.             textStyle: {
17.                 color:'#fff'
18.             },
19.             formatter:"{a} <br/>{b} : {c} ({d}%)"
20.         },
21.         color:legendColor,
22.         legend: [{
23.             orient:'vertical',
24.             left:"60%",
25.             y:'center',
26.             icon:'rect',
27.             textStyle: {
28.                 color:'#cddafd',
```

```
29.                      fontSize:14,
30.                      width:207,
31.                      height:20,
32.                      backgroundColor: {
33.                   image:'/asset/get/s/data-1545016257824-mxLqGjr4z.png',
34.                      },
35.                    },
36.                    padding: [30, 0, 30, 0],
37.                    itemWidth:10,
38.                    itemHeight:5,
39.                    itemGap:20,
40.                    data:legenddata
41.                 },
42.             ],
43.             series: [{
44.                 type:'pie',
45.                 radius: ['50%', '70%'],
46.                 center: ['30%', '50%'],
47.                 data:sourcedata,
48.                 itemStyle: {
49.                     normal: {
50.                         label: {
51.                             show:false
52.                         },
53.                         shadowColor:'#438bff',
54.                         shadowBlur:20
55.                     },
56.                 }
57.             }]
58.          };
59.       this.echart.setOption(option);
60.        },
```

代码说明：

第 1 行：async 表示该方法是异步方法。

第 2、3 行：定义两个数组用于存储图例数据和图表数据。

第 4 ~ 12 行：通过 Axios 方法从后台获得 JSON 数据，并将数据处理为饼图所需要的格式类型，饼图的数据系列为 {name,value} 的键值对数组，而图例数据则是只有 name 的数组，因此需要处理和转化；

第 40 行：将图例数据赋值给图例 legend 的 data 属性。

第 47 行：将图表数据赋值给图表数据 series 的 data 属性。

第 59 行：将 option 对象赋值给 echart 对象。

**4. 同步训练**

实现"新增故障数量"的饼图，具体效果如图 6-9 所示。

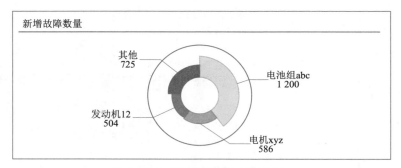

图 6-9　新增故障数量可视化展示

## 任务 6.3　车辆城市分布 Top10 可视化展示

### 1. 任务描述

统计各城市当前的车辆数量，用柱形图表示，如图 6-10 所示。

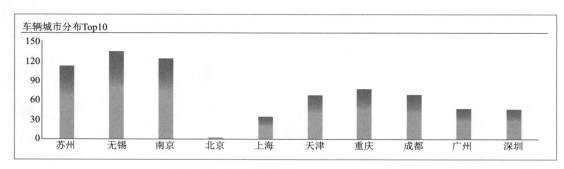

图 6-10　车辆城市分布 Top10 可视化效果

### 2. 任务分析

在本任务中，"车辆城市分布 Top10"涉及不同城市的分布统计和比较，选择用柱形图呈现，实现过程将分为 3 个步骤：

① 在 ECharts 官网设计好柱形图的样式，可以得到相关柱形图的 Option 属性设置。

② 分析柱形图的数据结构。

③ 在页面中初始化 ECharts 图形对象，通过 Axios 方法获得后台的数据，并根据饼图对象所需要的数据格式进行转换。

### 3. 任务实施

（1）ECharts 柱形图样式的设计与实现

通过第 5 单元对 ECharts 的学习，设计一个简单的 ECharts 柱形图，其代码如下：

```
option={
  color: ['#3398DB'],
  tooltip: {
   trigger:'axis',
```

```
        axisPointer: {
            type:'line',
            lineStyle: {opacity:0 }
        }
    },
grid: {
    left:'4%',
    right:'2%',
    top:'7%',
    bottom:'7%'
},
xAxis: [{
    type:'category',
    gridIndex:0,
    data:[' 苏州 ',' 无锡 ',' 南京 ',' 北京 ',' 上海 ',' 天津 ',' 重庆 ',' 成都 ',' 广州 ',' 深圳 '],
    axisTick: {alignWithLabel:true },
    axisLine: {
        lineStyle: {color:'#0c3b71'}
    },
    axisLabel: {
        show:true,
        color:'rgb(170,170,170)',
        fontSize:16
    }
}],
yAxis: [{
    type:'value',
    gridIndex:0,
    splitLine: { show:false },
    axisTick: {show:false},
    axisLine: {
        lineStyle: {color:'#0c3b71'}
    },
    axisLabel: {
        color:'rgb(170,170,170)',
        formatter:'{value}'
    }
},
{
    type:'value',
    gridIndex:0,
    splitNumber:12,
    splitLine: {show:false},
    axisLine: {show:false},
    axisTick: {show:false},
    axisLabel: {show:false}
}],
series: [{
    type:'bar',
    barWidth:'30%',
    xAxisIndex:0,
```

159

```
     yAxisIndex:0,
     data: [112,134,123,1,34,67,76,67,45,45],
     zlevel:11
        }]
  };
```

（2）分析柱形图的数据结构

柱状图数据包括横坐标数据和系列数据两类，其中横坐标数据（xAxis）的 JSON 数据表示分布的城市，其结构为 data: [' 苏州 ',' 无锡 ',' 南京 ',…]，是一个字符串数组；系列数据表示城市的车辆数，其 JSON 数据结构为 data: [112,134,123,…]，是一个和横坐标项目相对应的数值数组，因此后台的数据传递来之后要按照这两种数据格式要求进行处理。

（3）将 ECharts 对象在网页中呈现

① 在 <script> 的 data () 中添加 ECharts 对象的声明，代码如下：

```
export default {
data () {
        return{
        ...
        echart:null,
        ...
        echart4:null
    }
}
```

② 在 mounted 中对 ECharts 对象进行初始化。

```
1.mounted() {
    // 新增故障比例 -- 饼图
2.   this.echart=this.$echarts.init(document.getElementById("failureRatio"));
 ...
3.   this.echart4=this.$echarts.init(document.getElementById("CityTop"));
4.   this.drawFailureRatio();
 ...
5.   this.drawCityTop();
}
```

代码说明：

第 3 行：将 id 为 CityTop 的 div 对象初始化为 ECharts 对象，命名为 echart4。

第 5 行：在 mounted 中调用 drawCityTop() 方法。

③ 定义 drawCityTop() 方法实现车辆城市分布 Top10 可视化图的渲染和数据呈现方式。

```
1.    async drawCityTop(){
2.        var xdata=[];
3.        var sdata=[];
4.        await this.axios('static/json/cityTop.json').then(res=>{
5.            xdata=res.data.x;
6.            sdata=res.data.y;
7.        }).catch(err=> {
8.            alert('fail')
9.            console.log(err)
10.       });
```

```
11.        let option={
12.            color: ['#3398DB'],
13.            tooltip: {
14.                trigger:'axis',
15.                axisPointer: {
16.                    type:'line',
17.                    lineStyle: {
18.                        opacity:0
19.                    }
20.                }
21.            },
22.            grid: {
23.                left:'4%',
24.                right:'2%',
25.                top:'7%',
26.                bottom:'7%'
27.            },
28.            xAxis: [{
29.                type:'category',
30.                gridIndex:0,
31.                data:xdata,
32.                axisTick: {
33.                    alignWithLabel:true
34.                },
35.                axisLine: {
36.                    lineStyle: {
37.                        color:'#0c3b71'
38.                    }
39.                },
40.                axisLabel: {
41.                    show:true,
42.                    color:'rgb(170,170,170)',
43.                    fontSize:16
44.                }
45.            }],
46.            yAxis: [{
47.                type:'value',
48.                gridIndex:0,
49.                splitLine: {
50.                    show:false
51.                },
52.                axisTick: {
53.                    show:false
54.                },
55.                axisLine: {
56.                    lineStyle: {
57.                        color:'#0c3b71'
58.                    }
59.                },
60.                axisLabel: {
61.                    color:'rgb(170,170,170)',
```

```
62.                         formatter:'{value}'
63.                     }
64.                 },
65.                 {
66.                     type:'value',
67.                     gridIndex:0,
68.                     splitNumber:12,
69.                     splitLine: {
70.                         show:false
71.                     },
72.                     axisLine: {
73.                         show:false
74.                     },
75.                     axisTick: {
76.                         show:false
77.                     },
78.                     axisLabel: {
79.                         show:false
80.                     }
81.                 }
82.             ],
83.         series: [{
84.                 type:'bar',
85.                 barWidth:'30%',
86.                 xAxisIndex:0,
87.                 yAxisIndex:0,
88.                 itemStyle: {
89.                     normal: {
90.                         color:new this.$echarts.graphic.LinearGradient(
91.                         0, 0, 0, 1, [{
92.                                 offset:0,
93.                                 color:'#0286ff'
94.                             },
95.                             {
96.                                 offset:0.5,
97.                                 color:'#027eff'
98.                             },
98.                             {
100.                                 offset:1,
101.                                 color:'#00feff'
102.                             }
103.                         ]
104.                         )
105.                     }
106.                 },
107.                 data:sdata,
108.                 zlevel:11
109.             }
110.         ]
111.     };
112.     this.echart4.setOption(option)
113.   }
```

代码说明：

第 1 行：async 表示该方法是异步方法。

第 2、3 行：定义两个数组用于存储图例数据和图表数据。

第 4 ~ 10 行：通过 Axios 方法从后台获得 JSON 数据，并将数据处理为柱形图所需要的格式类型，柱形图的数据系列为数值类型的数组，横坐标数据则是字符类型的数组，在此需要处理和转化。

第 31 行：将 xdata 赋值给横坐标 xAxis 的 data 属性。

第 107 行：将 sdata 赋值给图表数据 series 的 data 属性。

第 112 行：将 option 对象赋值给 echart4 对象。

### 4. 同步训练

实现能耗统计的"箱线图（boxplot）"，效果如图 6-11 所示。

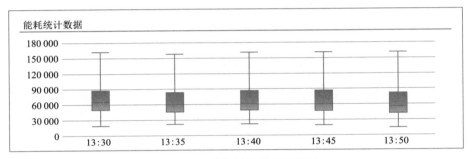

图 6-11　能耗统计箱线图效果

## 任务 6.4　单车总电流监控可视化展示

### 1. 任务描述

当输入车牌号码单击"查询"按钮时，显示当前车辆、当前时间的电流实时数据，要求每 5 s 刷新一次实时信息显示。效果如图 6-12 所示。

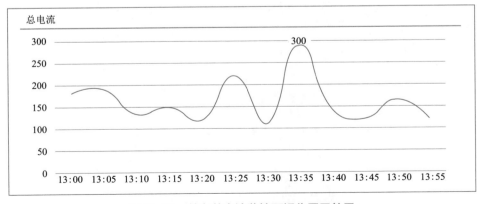

图 6-12　单车总电流监控可视化展示效果

### 2. 任务分析

在本任务中，"单车总电流监控"是基于时间变化的比较，选择用曲线图呈现，实现过程将分为 6 个步骤：

① 在 ECharts 官网设计好曲线图的样式，可以得到相关曲线图的 Option 属性设置。

② 分析曲线图的数据结构。

③ 在页面中初始化 ECharts 图形对象。

④ 编写 drawTotalCurrent() 方法，进行 ECharts 对象的渲染，并在页面挂载时调用。

⑤ 编写 totalVoltageCurrent() 方法，通过 Axios 方法获得后台的数据，并根据饼图对象所需要的数据格式进行转换。

⑥ 编写 search() 方法，实现单击"查询"按钮时的数据呈现方式。

### 3. 任务实施

（1）ECharts 曲线图样式的设计与实现

```
option={
        grid: {
            left: '8%',
            right: '4%',
            bottom: '7%',
            top:'8%'
        },
        xAxis: [{
            type: 'category',
            boundaryGap: true,
            axisLine: {show: true,lineStyle: {color: '#0a3256'}},
            axisLabel: { textStyle: {color: '#d1e6eb',margin: 15}},
            axisTick: {show: false},
            data: ["13:00", "13:05","13:10","13:15","13:20","13:25","
13:30","13:35","13:40","13:45","13:50","13:55"]
        }],
        yAxis: [{
            type: 'value',
            min: 0,
            splitNumber: 7,
            splitLine: {show: true,lineStyle: {color: '#0a3256'}},
            axisLine: {show: false,},
            axisLabel: {margin: 20,textStyle: {color: '#d1e6eb'}},
            axisTick: {show: false},
        }],
        series: [{
            name: ' 注册总量 ',
            type: 'line',
            smooth: true, // 是否平滑曲线显示
            showSymbol: false,
            lineStyle: {
                normal: {color: "#28ffb3"},
                borderColor: '#f0f'
            },
```

```
          markPoint: {
          symbol: 'roundRect',
          symbolKeepAspect: false,
          zlevel: 1,
          symbolOffset: ['0%', '0%'],
          label: {
               show: true,
               fontSize: 20,
               fontWeight: 500,
               color:"#000"
          },
          itemStyle: {
             color: '#fff'
          },
          data: [
               {type: 'max', name: '最大值'}
          ]
          },
          data:[ 182, 191, 134, 150, 120, 220,110,300, 145, 122, 165, 122]
     }]
};
```

**注意**：曲线图是折线图的一种，在 series 设置中，要将 smooth 属性设置为 true。

（2）分析曲线图的数据结构

曲线图数据包括横坐标数据和系列数据两类，其中横坐标数据（xAxis）表示时间，其 JSON 数据结构为 data: ["13:00", "13:05","13:10",…]，是一个字符串数组；系列数据表示电流，其 JSON 数据结构为 data: [ 182, 191, …]，是一个和横坐标项目相对应的数值数组，因此后台的数据传递来之后要按照这两种数据格式要求进行处理。

（3）在页面中初始化 ECharts 图形对象

在 data() 方法中声明一个变量 echart2，用于指向折线图对象。

```
data () {
   return{
      ...
   echart2:null
      }
   },
```

（4）渲染曲线图对象 echart2

在 methods 中定义 drawTotalCurrent() 方法，进行 ECharts 对象的渲染，并在页面挂载时调用：

```
drawTotalCurrent(){
   letoption={
   grid: {
     left:'8%',
     right:'4%',
     bottom:'7%',
     top:'8%'
```

```
        },
    xAxis: [{
      type:'category',
      boundaryGap:true,
      axisLine: {show:true,lineStyle: {color:'#0a3256'}},
      axisLabel: { textStyle: {color:'#d1e6eb',margin:15}},
      axisTick: {show:false},
      data: []
     }],
    yAxis: [{
      type:'value',
      min:0,
      splitNumber:7,
      splitLine: {show:true,lineStyle: {color:'#0a3256'}},
      axisLine: {show:false,},
      axisLabel: {margin:20,textStyle: {color:'#d1e6eb'}},
      axisTick: {show:false},
      }],
    series: [{
      name:'注册总量',
      type:'line',
      smooth:true, // 是否平滑曲线显示
      showSymbol:false,
      lineStyle: {
      normal: {color:"#28ffb3"},
      borderColor:'#f0f'
        },
      areaStyle: { // 区域填充样式
        normal: {
          color:new this.$echarts.graphic.LinearGradient(0, 0, 0, 1,
            [{ offset:0,color:'rgba(0,154,120,1)'
            }, { offset:1,color:'rgba(0,0,0,0)'} ], false),
        shadowColor:'rgba(53,142,215,0.9)', // 阴影颜色
        shadowBlur:20
          }
      },
      markPoint: {
        symbol:'roundRect',
        symbolKeepAspect:false,
        zlevel:1,
        symbolOffset: ['0%', '0%'],
        label: {
          show:true,
          fontSize:20,
          fontWeight:500,
          color:"#000"
                },
          itemStyle: {color:'#fff' },
          data: [{type:'max', name:'最大值'}]
        },
      data: []
```

```
        }]
    };
  this.echart2.setOption(option)
},
```

在 mounted() 方法中初始化 echart2 对象，调用 drawTotalCurrent() 方法。

```
mounted() {
    // 初始化
    echart2=this.$echarts.init(document.getElementById("totalCurrent"));
    // 总电流 -- 折线图
    this.drawTotalCurrent();
}
```

（5）通过 Axios 方法获得后台的数据

在 methods 中定义 totalVoltageCurrent() 方法，通过 Axios 方法获得后台的数据，并根据饼图对象所需要的数据格式进行转换：

```
// 获取电流数据
1.    totalVoltageCurrent(){
2.        this.axios('static/json/totalVoltageCurrent.json').then(res=> 3.{
4.            this.echart2.setOption({
5.                xAxis: {
6.                    data:res.data.time
7.                },
8.                series: [{
9.                    data:res.data.current,
10.               }]
11.           });
12.       }).catch(err=> {
13.           console.log(err)
14.       }) ;
15.       setTimeout(this.totalVoltageCurrent,5000)
16. },
```

代码说明：

第 5 ～ 10 行：将后台调用得到的数据赋值给横坐标数据和系列数据。

第 15 行：每隔 5 s 调用一次当前方法（totalVoltageCurrent），实现定时刷新。

（6）编写 search() 方法

实现单击"查询"按钮时的数据呈现方式。

```
1.search(){
2.        this.uploadtime="2019/05/06 14:00:
3.        window.onresize=function () {
4.            this.echart2.resize();
5.        }
6.        this.totalVoltageCurrent();
7.    }
8.  }
9.  }
```

代码说明：

第 3 ～ 5 行：当窗口大小发生变化时，ECharts 对象的大小也随之发生自适应变化。

第 6 行：调用 totalVoltageCurrent() 方法显示电流数据。

**4. 同步训练**

实现电压的实时监控折线图，效果如图 6-13 所示。

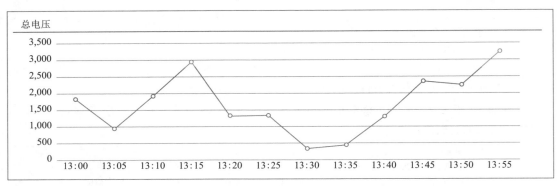

图 6-13　电压的实时监控折线图效果

## 任务 6.5　单车蓄电池温度可视化展示

**1. 任务描述**

当输入车牌号码单击"查询"按钮时，显示当前车辆电池组在不同时间、不同电池的实时温度数据，要求每 5 s 刷新一次实时信息显示，效果如图 6-14 所示。

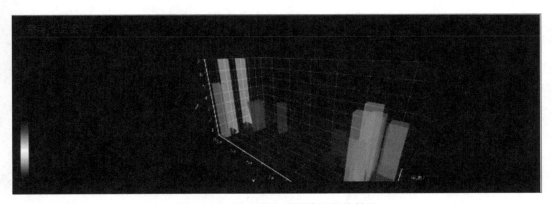

图 6-14　单车蓄电池温度可视化效果

**2. 任务分析**

在本任务中，"蓄电池温度"共有 3 个维度：时间、电池和温度，因此选择三维的柱形图呈现，实现过程将分为 6 个步骤：

① 在 ECharts 官网设计好 3D 柱形图的样式，可以得到相关 3D 柱形图的 Option 属性设置。

② 分析 3D 柱形图的数据结构。

③ 在页面中初始化 ECharts 图形对象。

④ 编写 drawBatteryPack() 方法，进行 ECharts 对象的渲染，并在页面挂载时调用。

⑤ 编写 batteryPack() 方法，通过 Axios 方法获得后台的数据，并根据 3D 柱形图对象所需要的数据格式进行转换。

⑥ 编写 search() 方法，实现单击"查询"按钮时的数据呈现方式。

### 3. 任务实施

（1）ECharts3D 柱形图样式的设计与实现

```
var hours=['1a', '2a', '3a', '4a', '5a', '6a','7a', '8a', '9a','10a','11a','12p'];
var batterys=["电池1","电池2","电池3","电池4","电池5","电池6","电池7"];
var data=[[0,0,5],[0,1,1],[0,2,0],[0,3,0],[0,4,0],…];
option={
    tooltip: {},
    visualMap: {
        max: 20,
        inRange: {
            color: ['#313695', '#4575b4', '#74add1', '#abd9e9', '#e0f3f8',
'#ffffbf', '#fee090', '#fdae61', '#f46d43', '#d73027', '#a50026']
        }
    },
    xAxis3D: {
        type: 'category',
        data: hours
    },
    yAxis3D: {
        type: 'category',
        data: batterys
    },
    zAxis3D: {
        type: 'value'
    },
    grid3D: {
        boxWidth: 200,
        boxDepth: 80,
        light: {
            main: {
                intensity: 1.2,
                shadow: true
            },
            ambient: {
                intensity: 0.3
            }
        }
    },
    series: [{
        type: 'bar3D',
        data: data.map(function (item) {
            return {
```

```
                value: [item[1], item[0], item[2]],
            }
    }),
    shading: 'lambert',
    label: {
        textStyle: {
            fontSize: 16,
            borderWidth: 1
        }
    },
    emphasis: {
        label: {
            textStyle: {
                fontSize: 20,
                color: '#900'
            }
        },
        itemStyle: {
            color: '#900'
        }
    }
}]
}
```

（2）分析 3D 柱形图的数据结构

3D 柱形图数据包括 xAxis3D 数据、yAxis3D 数据和系列数据 3 类，其中 xAxis3D 表示时间，其 JSON 数据结构为 hours=['1a', '2a', '3a', '4a', '5a', '6a','7a', '8a', '9a','10a','11a','12p']，是一个字符串数组；yAxis3D 表示电池，其 JSON 数据结构为：batterys=[" 电池 1"," 电池 2"," 电池 3",…]，也是一个字符串数组；系列数据是一个三元组的数组，其 JSON 数据结构为 data= [[0,0,5],[0,1,1],[0,2,0],[0,3,0],[0,4,0],…]。每天的时间和电池数是固定的，只有系列数据是变化的，因此后台的数据传递来之后要按照这种三元组数组的格式要求进行处理。

（3）在页面中初始化 ECharts 图形对象

在 data() 方法中声明一个变量 echart3，用于指向 3D 柱形图对象。

```
data () {
  return{
      ...
    echart3:null
    }
  },
```

（4）渲染 3D 柱形图

在 method 中定义 drawBatteryPack() 方法，进行 ECharts 对象的渲染，并在页面挂载时调用。

```
drawBatteryPack(){
  var data=[]
  var hours=['1a','2a','3a','4a','5a','6a','7a','8a','9a','10a','11a','12p'];
  var batterys=[" 电池 1"," 电池 2"," 电池 3"," 电池 4"," 电池 5"," 电池 6"," 电池 7"];
  let option={
    visualMap: {
```

```
        max:20,
        inRange: {
         color: ['#313695', '#4575b4', '#74add1', '#abd9e9', '#e0f3f8', '#ffffbf',
'#fee090', '#fdae61', '#f46d43', '#d73027', '#a50026']
        }
      },
    xAxis3D: {
    type:'category',
    data:hours
    },
    yAxis3D: {
      type:'category',
      data:batterys
    },
    zAxis3D: {
      type:'value'
      },
    grid3D: {
      boxWidth:200,
      boxDepth:80,
      light: {
        main: {intensity:1.2},
        ambient: {intensity:0.3}
        },
      axisLine: {lineStyle: { color:'#fff' }},
      axisPointer: {lineStyle: { color:'#fff' }}
      },
    series: [{
      type:'bar3D',
      data:data.map(function (item) {
      return {
        value: [item[1], item[0], item[2]]
          }
      }),
    shading:'color',
    label: {show:false,textStyle: {fontSize:16,borderWidth:1}},
    itemStyle: {opacity:0.8},
    emphasis: {
      label: {textStyle: {fontSize:20,color:'#900'}},
      itemStyle: {color:'#900'}
      }
    }]
    }
    this.echart3.setOption(option)
    }
```

在 mounted() 方法中初始化 echart2 对象，调用 drawTotalCurrent() 方法。

```
mounted() {
  // 初始化
  echart3=this.$echarts.init(document.getElementById("batteryPack"));
  // 总电流 -- 折线图
  this. drawBatteryPack();
}
```

（5）通过 Axios 方法获得后台的数据

在 method 中定义 batteryPack() 方法，通过 Axios 方法获得后台的数据，并根据 3D 柱形图对象所需要的数据格式进行转换。

```
batteryPack(){
  var data=[]
  this.axios('static/json/batteryPack.json').then(res=> {
  data=res.data.data
  this.echart3.setOption({
    series: [{
      data:data.map(function (item) {
        return {
          value: [item[1], item[0], item[2]]
        }
      })
    }]
  });
  }).catch(err=> {
    console.log(err)
  });
  setTimeout(this.batteryPack,5000);
},
```

（6）在 method 中定义 search() 方法

实现单击"查询"按钮时的数据呈现方式。

```
search(){
  var data=[]
  this.uploadtime="2019/05/06 14:00:00"
  window.onresize=function () {
    ...
    this.echart3.resize();
  }
  ...
  this.batteryPack();
}
```

**4. 同步训练**

（1）实现电压、温度的极值雷达图，效果如图 6-15 所示。

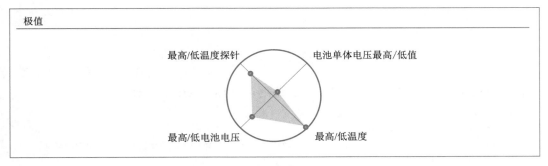

图 6-15　电压、温度极值雷达图

（2）围绕销售主题，参照图 6-16 所示效果图，基于 Vue 和 ECharts 制作相关页面。

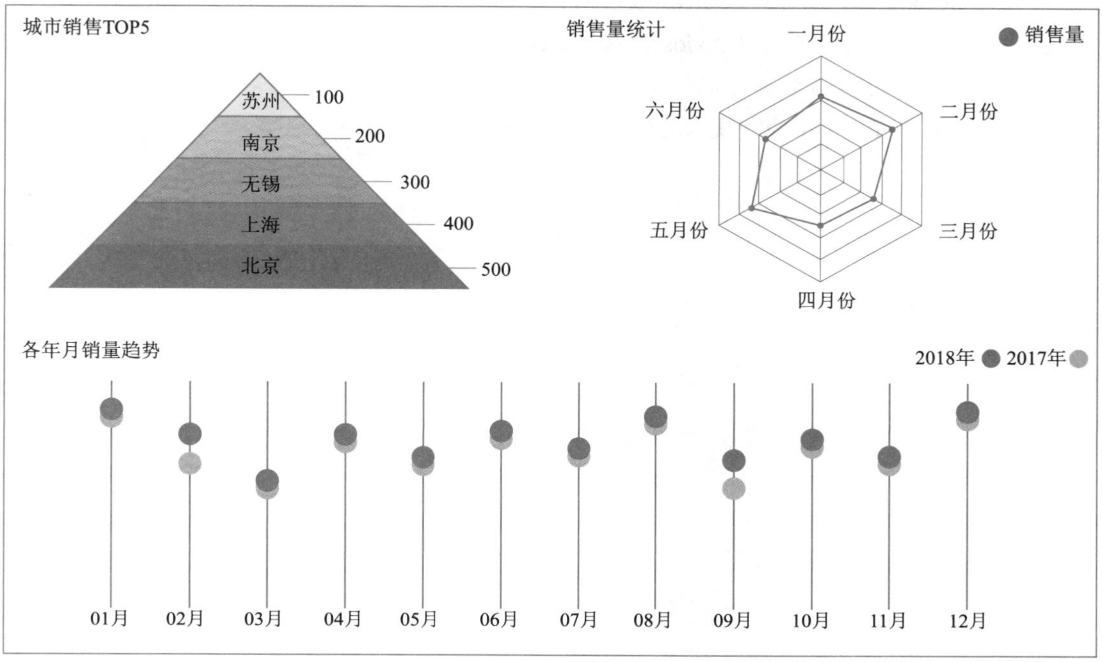

图 6-16  销售相关图表

## 单元小结

本单元以研发与维修统计分析页面实现为项目任务，详细讲解了 ECharts、Vue 实现动态数据的可视化展示过程，介绍了 Ajax 异步刷新工作原理及实现过程，介绍了 Vue 的生命周期，还通过具体实例介绍了 async 与 await 异步函数的使用场合与方法。通过新增故障可视化展示等 4 个任务进行任务分析、步骤拆解，并详细讲解了每个任务的实施过程。

## 课后练习

### 一、选择题

1. Axios 函数中，表示请求方式的参数是（    ）。

A. url                    B. data                    C. method                    D. legend

2. Aaxios 函数中，表示传输数据的参数是（    ）。

A. method                B. json                    C. url                        D. data

3. 在 ECharts 中，饼图的 type 为（    ）。

A. line                   B. pie                     C. category                  D. bar3D

### 二、简答题

1. 简述 Vue 的生命周期。

2. 简述 Vue 常用的实现异步的函数。

3. 简述"每 5 s 刷新一次实时信息"功能的核心代码。

4. 简述 ECharts 实现 Web 可视化图表绘制的步骤。

5. 简述生成饼图与折线图时 Axios 获取数据结构的区别。

6. 简述你知道的 Web 数据可视化插件。

7. 简述 Vue 和 ECharts 两种技术的作用和合作关系。

# 单元 7
## 新能源汽车数据大屏

数据大屏广泛应用于会议展览、业务监控、风险预警、地理信息分析等多种业务的展示需求。本单元结合新能源汽车运维实际案例，介绍综合利用 Vue、ECharts 等前端技术实现新能源汽车研发维护大屏效果，给出设计和实现的完整步骤，通过实际案例教会学生制作大屏的一般性方法。本单元的知识导图如图 7-1 所示。

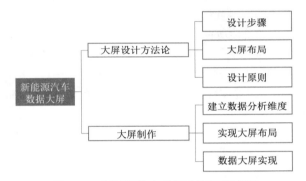

图 7-1　新能源汽车数据大屏知识导图

## ▪ 单元描述

基于新能源汽车研发生产、售后维护场景的实际需要，建立"研发与维护"可视化数据大屏，实现车辆运行监测、故障统计等类型数据的直观呈现，给出最终设计效果。

### 1. 知识要求
①学习大屏设计的一般步骤、布局方式和设计技巧。
②学习数据分析维度的抽取方式。
③学习数据与图表的适配选择方式。

### 2. 能力要求
①熟练掌握数据大屏设计的一般性方法，形成快速迁移能力。
②具备结合具体应用场景，完成数据大屏的设计与实现能力。
③灵活运用 Vue 和 ECharts，进行项目整合。

### 3. 素质要求
①具有良好的沟通能力和团队合作精神。
②具备较强的网页设计创意思维、艺术设计素质和创新思想。

## ■ 任务分解

| 任 务 名 称 | 任 务 目 标 | 安 排 课 时 |
|---|---|---|
| 任务 7.1 建立数据分析维度 | 基于应用需求，抽取核心指标 | 2 |
| 任务 7.2 实现大屏布局 | 根据主要、次要、辅助信息合理布局 | 2 |
| 任务 7.3 数据大屏实现 | 综合运用 Vue、ECharts 编码实现 | 2 |
| 总　计 | | 6 |

## ■ 知识要点

### 1. 大屏设计的步骤

（1）设计原则

大屏数据可视化设计原则：设计服务需求、先总览后细节。

① 设计服务需求。大屏设计要避免为了展示而展示，排版布局、效果设计、图表选用等应服务于具体业务，所以大屏设计是在充分了解业务需求的基础上进行的。那么，什么是业务需求呢？业务需求就是要解决的问题或要达成的目标。设计师通过设计手段帮助相关人员达成这个目标，是大屏数据可视化的价值所在。

② 先总览后细节。大屏因为大，承载数据多，为了避免观者迷失，大屏信息呈现要具备重点突出、主次分明。设计时可以通过对比，先把核心数据抛给用户，待用户理解大屏主要内容与展示逻辑后，再逐级浏览二三级内容。因而，部分细节数据可暂时隐藏，用户需要时可通过鼠标点击等交互方式唤起。

（2）确立指标分析维度

通过可视化表达相关规律和信息，可以从"联系、分布、比较、构成"4 个维度更有逻辑地思考这个问题。

① 联系：数据之间的相关性。

② 分布：指标里的数据主要集中在什么范围、表现出怎样的规律。

③ 比较：数据之间存在何种差异、差异主要体现在哪些方面。

④ 构成：指标里的数据都由哪几部分组成、每部分占比如何。

（3）图表的选择

选定图表注意事项：易理解、可实现。

数据关系分成了 9 个大类，当确定了某个数据关系类型后，就可以根据该数据的使用场景确定相对应的图表和使用建议，并在其中进行选择，如表 7-1 所示。

表 7-1　典型的数据关系与图表类型对照表

| 数 据 关 系 | 场 景 举 例 | 图 表 类 型 |
|---|---|---|
| 比较类 | 销售人员的销售业绩 | 柱形图、气泡图、雷达图 |
| 分布类 | 运行车辆的分布 | 散点图、气泡图、分布曲线图 |
| 地图类 | 车辆分布热度 | 热力图 |
| 占比类 | 故障部件占比 | 环形图、柱形图、饼图 |
| 区间类 | 车辆行驶速度区间 | 仪表盘、堆叠图 |
| 关联类 | 客运公司车队车型关联关系 | 矩形树图 |
| 时间类 | 不同时间工况参数 | 柱形图、仪表盘、面积图 |

日常生活中，人类社会 90% 以上的活动信息都与时间和空间相关，特别是大数据和人工智能爆发的时代，数据分析更具有典型的时空属性，可以大致分为以下 3 类：

① 地理数据分析：对于那些和地理位置信息相关的数据分析，地图是用户的首选类型，包括点地图、区域地图、热力地图、流向地图等。因为地图除了能对比分析数据本身的差异性之外，还可以结合地理位置进行分析，发掘和地理位置信息等相关的业务价值。

② 周期性数据分析：对于周期性循环数据特征分析，比如企业经营状况——收益性、生产性、流动性、安全性和成长性的评价（适用于快速对比定位短板指标），所以建议使用雷达图进行展示。

③ 时间趋势分析：人们日常工作中应用最为广泛的方法之一。对于这类场景，通常可以选择折线图、柱形图来更好地进行数据时间趋势的分析。

## 2. 大屏布局

大屏布局宏观上遵循重点突出、主次分明的原则，因而最重要的核心指标分析可以放在左上方或者顶部，一般可以选择使用较大的数字进行关键绩效指标（Key Performance Indicator，KPI）汇总显示。如果需要添加过滤控件，进行页面级的辅助数据筛选，控件的位置一般放在顶部位置。其他一些次重要的指标分析可以放到左下方。最后是一些相对不那么重要的数据或者是引导式分析最末尾的数据、明细数据、需要查看的精准数据（比如需要反复查对的统计数据）等，可以放到屏幕的右下方位置。

为了做到大屏布局时的重点突出、主次分明，一般将待展示数据分为主要指标和次要指标两个层次，主要指标反映核心业务，次要指标用于进一步阐述分析。在制作时给予不一样的侧重，这里推荐两种常见的版式，如图 7-2 和图 7-3 所示。

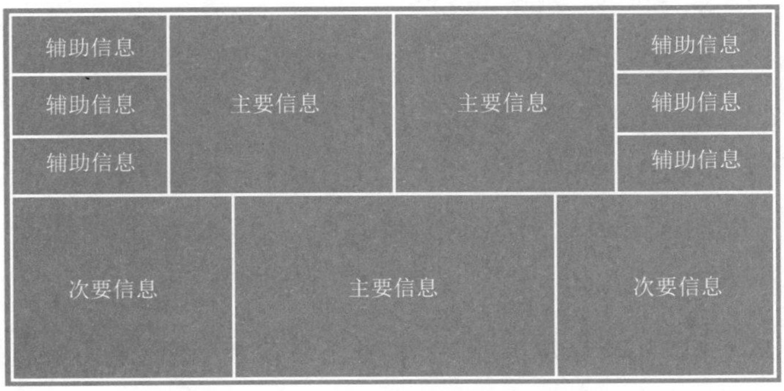

图 7-2　可视化大屏布局信息图 1

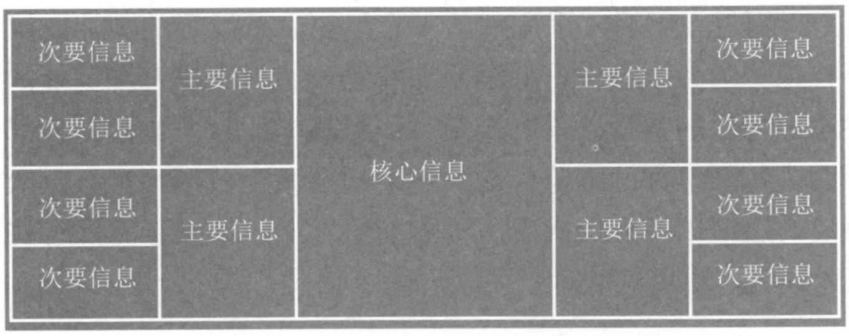

图 7-3　可视化大屏布局信息图 2

实际项目中，不一定使用主次分布，也可以使用平均分布，或者可以二者结合进行适当调整。由于要展示的指标很多，存在多个层级的，就根据上面所说的基本原则进行一些微调，直至达到较好的效果。

### 3. 大屏设计技巧

（1）配色技巧

合理的布局能够让内容富有层次感，合理的配色则能够给观者以舒适的体验。颜色是最有效的美学特征之一，它可以最先吸引观察者的注意力。颜色能够以直接的方式突出显示特定见解、标识异常值。大屏的配色时应该注意，对于完全不同的数据类型，选择截然不同的颜色信息展示；对于相同类型或相似数据，则选用尽可能相同的颜色展示。图 7-4 所示分别给出了对比分明和颜色相近的配色方案。

（a）对比分明的颜色搭配　　　（b）颜色相近的色彩搭配

图 7-4　配色搭配示例

值得注意的是，背景色很大程度上决定了大屏的风格，背景色的选择遵循深色调和一致性的原则。不同于普通的网页配色，在实际应用中，深蓝色系为主的背景色搭配受到用户的青睐，深色调紧张感强，让视觉更好地聚焦，看上去更柔和、舒服、不刺眼。图 7-5 给出了两种配色方案。

（a）　　　　　　　　　　　（b）

图 7-5　大屏背景色搭配示例

**注意**：由于大屏主要是由拼接屏构成，在设计上应该考虑背景色与拼缝的颜色相近，尽可能降低拼缝给大屏整体造成的割裂感。此外，显示存在的色域差，尽可能使用纯色。

（2）修饰技巧

确定了大屏的主要配色方案后，采用一些带有星空、条纹等的图片或线条作为背景，可以让大屏效果富有科技感。为各个组件、标题添加背景和边框来提升细节处的观感，如为小标题所在的报表块组件添加合适的背景，给各个组件添加边框元素。比如，顶部的标题通过左右两个对称线条进行点缀，各个组件的细分标题通过不规则渐变色图片进行点缀。另外，每个组件都可以搭配使用简洁的边框以提升层次感。再如航空大屏，给元素增加一些飞机图标、图画之类的拟物效果，可以让大屏更真实生动。

（3）动效添加

在大屏数据展示过程中，适当添加动效、插入视频，可以显著提升整体的视觉效果，增添交互乐趣。由于大屏展示的许多数据都是实时变化的，为了减少数据变化刷新时的突然性，动效设计必不可少。动效的形式包括监控现场视频、过场动画、轮播动画、图表的闪烁动画、地图的流向动画等。应用中可以添加实时数据以强化监控效果，让其每隔 2~3 s 获取一次最新数据并刷新显示。借助轮播效果，可以完成实现同一个位置滚动播放不同的指标内容，避免平铺展开所有指标把大屏界面挤满。此外，动效还肩负着增添空间感、平衡画面和整合信息的作用。

注意：在增加动效的同时，需考虑服务器的承载量。避免在增加动效后喧宾夺主，因此对动效要做适当的取舍。

## 任务 7.1　建立数据分析维度

### 1. 任务描述

根据项目要求，确立"研发与维护"可视化大屏的数据分析维度。

### 2. 任务分析

本部分首先根据业务场景抽取关键指标，依据关键指标确定分析维度，选择与之相适应的可视化图表类型。大屏布局确立过程如图 7-6 所示。

图 7-6　大屏布局确立过程

### 3. 任务实施

（1）抽取关键指标

关键指标是一些概括性词语，是对一组或者一系列数据的统称。一般情况下，一个指标在大屏上独占一块区域，所以通过关键指标定义，就知道大屏上大概会显示哪些内容以及大屏会被分为几块。以共享单车电子围栏监控系统为例，这里的关键指标有企业停车时长、企业违停量、热点违停区域、车辆入栏率等。

（2）建立指标分析维度

确定关键指标后，根据业务需求拟定各个指标展示的优先级（主、次、辅）。

（3）选择可视化图表类型

确定好分析维度后，所能选用的图表类型也就基本确定了。接下来只需要从中筛选出最能体现设计意图的那个即可。

由于维修业务遍布全国，核心区域用地图展示比较直观。另外，对比类的数据适合用柱形图、雷达图，趋势类数据适用折线图，占比类的数据适合用饼图，故障单、维修人员明细数据适合用表格。这样就确定了布局里的几个主要元素：地图、数字、柱形图、饼图、折线图、表格。

### 4. 同步训练

如图 7-7 所示，确立"车辆销售"可视化大屏的数据分析维度。

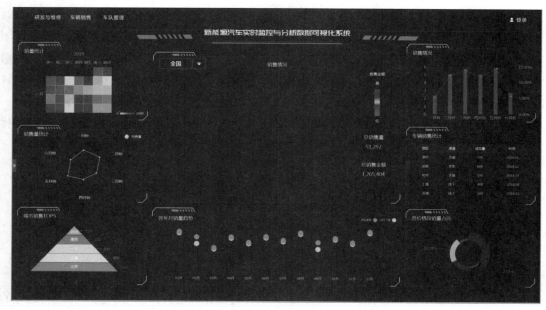

图 7-7　车辆销售大屏效果图

## 任务 7.2　实现大屏布局

### 1. 任务描述

根据项目要求，实现"研发与维护"数据大屏页面布局。

### 2. 任务分析

首先考虑大屏的设计风格，在确定数据大屏的尺寸后，进行布局和页面的划分。这里的划分，主要根据之前定好的业务指标进行，核心业务指标安排在中间位置、占较大面积；其余的指标按优先级依次在核心指标周围展开。一般把有关联的指标让其相邻或靠近，把图表类型相近的指标放一起，以减少观者认知上的负担并提高信息传递的效率。大屏布局过程如图 7-8 所示。

图 7-8　大屏布局过程示意图

### 3. 任务实施

（1）定义设计风格

新能源汽车"研发与维护大屏"的用户为企业管理人员、研发工程师和售后工程师等相关人群。要求沉稳简练，布局科学紧凑，图表选取恰当、配色合理。此外，大屏的视觉效果要体现良好的科技感。

（2）获取大屏尺寸

一般情况下设计稿的分辨率就是拼接大屏的分辨率，当有多个信号源时，有时会通过显卡自定义计算机屏幕分辨率，从而使计算机显示分辨率不等于其物理分辨率，此时，对应设计稿的分辨率也就变成了设置后的分辨率。此外，当被投计算机分辨率长宽比与大屏物理长宽比不一致时（单信号源），也会对被投计算机屏幕分辨率进行自定义调整，这种情况设计稿分辨率也会发生变化。所以，设计开始前了解物理大屏的长宽比很重要。图 7-9 所示为一种典型的拼接大屏构成示意图。

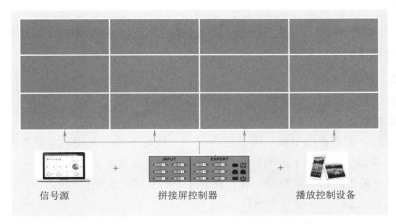

信号源　　　　　　拼接屏控制器　　　　　　播放控制设备

图 7-9　4×3 构成的拼接大屏构成示意图

（3）页面布局

在前端开发中页面布局总是最开始的工作，就像盖楼时，先搭框架，然后再填砖，前端也是一样的，先要做好页面的布局工作。

在本系统的实时监测页面中采用的就是单列布局，这是最简洁的一种，整个页面给人一种清爽干净的感觉，其布局结构如图 7-10 所示。

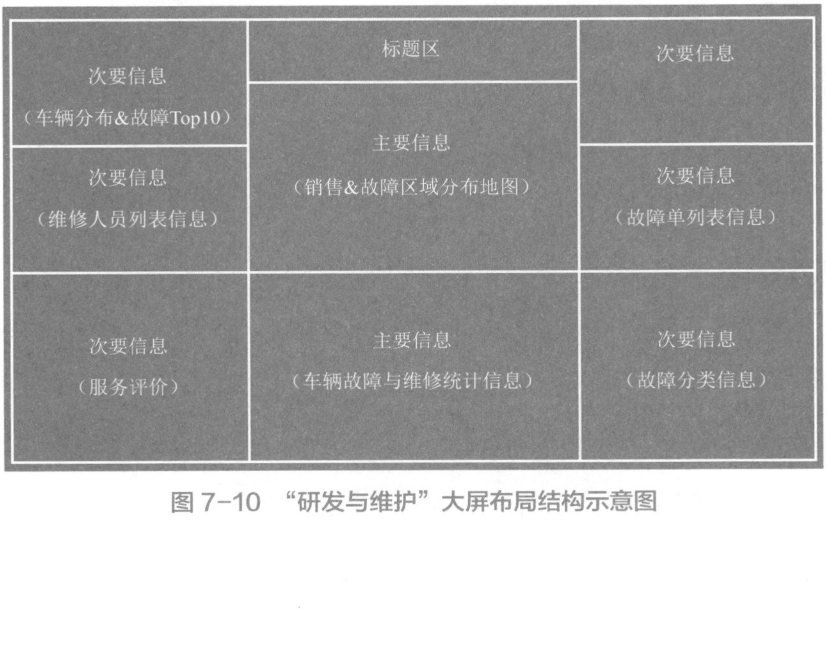

| 次要信息<br>（车辆分布&故障Top10） | 标题区 | 次要信息 |
| | 主要信息<br>（销售&故障区域分布地图） | |
| 次要信息<br>（维修人员列表信息） | | 次要信息<br>（故障单列表信息） |
| 次要信息<br>（服务评价） | 主要信息<br>（车辆故障与维修统计信息） | 次要信息<br>（故障分类信息） |

图 7-10　"研发与维护"大屏布局结构示意图

### 4. 同步训练

围绕车辆销售人员的实际需求，结合图 7-7，确立"车辆销售"可视化大屏的布局。

## 任务 7.3  数据大屏实现

### 1. 任务描述

在上一任务基础上，通过编码实现数据大屏的最终效果。

### 2. 任务分析

通过任务 7.1 和任务 7.2，完成了数据大屏的分析和规划，变为具体的 Web 可视化大屏作品还是要通过具体的编码予以实现。

### 3. 任务实施

将研发维护数据大屏的详细实现过程分解为如下 3 个步骤：

（1）自适应布局

因为大屏的内容需要在浏览器一屏范围内显示，最好不要出现滚动条查看内容的情况，所以自适布局就显得尤为重要（不同的分辨率、不同的浏览器都不同）。

本大屏页面中采用的是单列布局，首先划分左中右区域。实现代码如下：

```
1. <div id="app-content">
2. <div class="containerBox">
3. <!-- 左边区域 -->
4. <div class="left">
5. </div>
6. <!-- 中间区域 -->
7. <div class="middle">
8. </div>
9. <!—右边区域 -->
10.<div class="right">
11.</div>
12.</div>
13.</div>
```

样式代码如下：

```
1.#app-content{
2.    height: calc(100% - 60px);
3.    width: 95%;
4.    margin-left: 4%;
5.}
6..containerBox{
7.    width: 100%;
8.    height:100%;
9.    color: #abfeff;
10.}
11..left{
12.    width: 25%;
13.    float: left;
```

```
14.     height: 100%;
15.}
16..middle {
17.     width: calc(50% - 40px);
18.     margin: 0 20px;
19.     float: left;
20.     height: 100%;
21.}
22..right{
23.     width: 25%;
24.     float: right;
25.     height: 100%;
26.}
```

在制作页面时，经常会碰到元素的宽度或者高度为 100% 的情况。如果这个元素有 margin、padding、border，那么此时的元素整体必会大于父级元素，这就扰乱了原来的布局。为了解决这种问题，可以采用过 CSS 3 中的 calc() 属性。CSS 实现代码如下：

```
1..middle {
2.     width: calc(50% - 40px);
3.     margin: 0 20px;
4.     float: left;
5.     height: 100%;
6.}
```

（2）业务模块布局

页面整体大布局搭好之后，可以将拟定好的业务内容分别计划排版。可以将车辆分布和故障维修统计放到中部进行展示。左边区域切分成 3 个区域，分别可以放车辆情况、历史数据、城市维修 Top5；右侧放置故障比例、故障分布城市、故障报警。首先切分各个模块，保持各模块的样式一致，高度可以根据需要自行调整。

```
1. <!-- 左边区域 -->
2. <div class="left">
3. <!-- 车辆情况 -->
4. <div class="item">
5. </div>
6. <!-- 历史数据 -->
7. <div class="item">
8. </div>
9. <!-- 城市维修 TOP5 -->
10.<div class="item">
11.</div>
12.</div>
13.<!-- 中间区域 -->
14.<div class="middle">
15.<!-- 车辆分布 -->
16.<div class="item" style="height: 60%;" >
17.</div>
18.<!-- 故障维修统计 -->
19.<div class="item" style="height: calc(40% - 42px);">
20.</div>
```

```
21.</div>
22.<!-- 右边区域 -->
23.<div class="right">
24. <!-- 故障比例 -->
25. <div class="item" style=" height: 30%">
26. </div>
27. <!-- 故障分布城市 -->
28. <div class="item" style=" height: 30%">
29. </div>
30. <!-- 故障报警 -->
31. <div class="item" style=" height: calc(40% - 60px)">
32. </div>
33. </div>
34.</div>
```

样式代码如下:

```
1..item{
2.    box-shadow: 0 2px 7px rgba(77, 145, 255, 0.15);
3.    width: 100%;
4.    height: calc(33% - 18px);
5.    margin-top:18px;
6.}
```

下面以中间区域地图分布模块为例, 其余模块与此类似, 将小模块分为标题区及内容区。

```
1.<!-- 车辆分布 -->
2.<div class="item" style="height: 60%;" >
3. <div class="tabItem">
4. <p class="tabItemTitle"> 车辆分布 </p>
5. <div class="tabItemConent">
6. <div class="echartItem" id="map"></div>
7. </div>
8. </div>
9.</div>
```

标题可以与内容以线条分隔开, 以显得更为清晰, 样式代码如下:

```
1..tabItem{
2.    height: 100%;
3.}
4..tabItemTitle{
5.    height: 40px;
6.    line-height: 40px;
7.    padding-left: 20px;
8.    font-size: 16px;
9.    color: #687997;
10.    border-bottom: 1px solid #687997;
11.}
12..tabItemConent{
13.    height: calc(100% - 40px);
14.}
15..echartItem {
16.    width: 100%;
```

```
17.    height: 100%;
18.}
```

（3）选择图表并获取数据（以地图分布为例）

布局完成后，对照要表达显示的信息，思考选择相应的图表类型，如表 7-2 所示。

表 7-2　研发与维护大屏数据分析维度与选图对照表

| 指　　标 | 图　　表 | 指　　标 | 图　　表 |
| --- | --- | --- | --- |
| 车辆分布 | 地图热力图 | 故障比例 | 饼图 |
| 故障维修统计 | 折线图 | 故障分布城市 | 柱形图 |
| 车辆情况 | 柱形图 | 故障报警 | 表格 |
| 城市维修 Top | 柱形图 | | |

以下给出在大屏页面上实现选定的图表的具体步骤，首先以地图为例进行说明。

① 基于准备好的 DOM，初始化 ECharts 实例。ECharts 的具体配置，如图例、坐标等，可参考 ECharts 的配置项文档（https://echarts.apache.org/zh/option.html#title）。建立 ECharts 组件前，要先引入中国地图数据：

```
import 'echarts/map/js/china.js';
```

建立 ECharts 组件：

```
var echart=this.$echarts.init(document.getElementById("map"));
let option={
    tooltip: {
        trigger: 'item',
        formatter: '{b}:{c}'
    },
    visualMap: {
        min: 0,
        max: 20,
        left: 'left',
        top: 'bottom',
        text: ['高', '低'],
        calculable: true,
        inRange: {
            color:['#ffffff','#E0DAFF','#ADBFFF','#9CB4FF','#6A9DFF','#3889FF']
        },
        textStyle:{
            color:"#fff"
        }
    },
    series: [
        {
            zlevel: 1,
            type: 'map',
            mapType: 'china',
            selectedMode : 'multiple',
            roam: true,
            left: "10%",
```

```
                    right: '10%',
                    label: {
                        normal: {
                            show: true
                        },
                        emphasis: {
                            show: true
                        }
                    },
                    data:[]
                }
            ]
        };
        echart.setOption(option);
```

此时的地图数据为空。

② 通过 Axios 获取数据动态赋值。通过 Axios 获取数据后，再次对图表的 options 对象进行配置，将数据填充进去。具体代码如下：

```
this.axios('static/json/provincesta.json').then(res => {
    echart.setOption({
        series:[{
            data:res.data.data
        }]
    })
}).catch(err => {
    console.log(err)
})
```

③ 自适应图表。EChart 图表本身提供了一个 resize 函数。于是当浏览器发生 resize 事件时，让其触发 echart 的 resize 事件，重绘 Canvas，可以完成自适应，就是把 window 的 onresize 事件赋值为 echart 的 resize 事件。

```
window.addEventListener("resize", () => { echart.resize();});
```

页面中其他图表的实现过程类似，下面简要给出：

① 折线图，如图 7-11 所示。

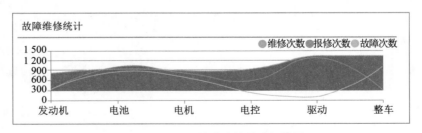

图 7-11　车辆故障维修统计折线图

页面代码如下：

```
1.<!-- 故障维修统计 -->
2.<div class="item" style="height: calc(40% - 42px);">
```

```
3. <div class="tabItem">
4. <p class="tabItemTitle"> 故障维修统计 </p>
5. <div class="tabItemConent">
6. <div class="echartItem" id='faultLine'></div>
7. </div>
8. </div>
9.</div>
```

图表及数据获取代码如下：

```
let echart=this.$echarts.init(document.getElementById("faultLine"));
let option={
    color:['#08f9e5','#3b76f5','#e74f4f'],
    legend: {
        icon: "circle",
        top: 0,
        right: 0,
        textStyle: {
            color: "#abfeff",
            fontSize: 12
        },
        data:[' 维修次数 ',' 报修次数 ',' 故障次数 ']
    },
    xAxis: {
        type: 'category',
        boundaryGap: false,
        data: [],
        // x 轴的字体样式
        axisLabel: {
            show: true,
            textStyle: {
                color: '#abfeff',
                fontSize:'14'
            }
        },
        // x 轴线样式
        axisLine:{
            lineStyle:{
                color:'#4064b4'
            }
        },
        // 横向网格线
        splitLine:{
            show:false,
        }
    },
    yAxis: {
        type: 'value',
        // y 轴的字体样式
        axisLabel: {
            show: true,
            textStyle: {
```

```
                color: '#abfeff',
                fontSize:'14'
            }
        },
        //y轴线样式
        axisLine:{
            lineStyle:{
                color:'#4064b4'
            }
        },
        //横向网格线
        splitLine:{
            show:true,
            lineStyle:{
                color:'#264487'
            }
        }
    },
    series: [
        {
            name:'维修次数',
            type: 'line',
            data: [],
            smooth: true,
            symbol: "none",   //拐角为实心,
            itemStyle:{
                normal:{
                    //折线样式
                    lineStyle:{
                        width:2,
                        color:'#08f9e5',
                    },
                }
            },
            areaStyle: {
                color: new this.$echarts.graphic.LinearGradient(0, 0, 0, 1, [{
                    offset: 0,
                    color: 'rgba(8, 249, 229,0.8)'
                },{
                    offset: 0.8,
                    color: 'rgba(8, 249, 229,0.03)'
                }])
            },
        },
        {
            name:'报修次数',
            type: 'line',
            data: [],
            smooth: true,
            symbol: "none",   //拐角为实心,
            itemStyle:{
```

```
                        normal:{
                            // 折线样式
                            lineStyle:{
                                width:2,
                                color:'#3b76f5',
                            },
                        }
                    },
                    areaStyle: {
                        color: new this.$echarts.graphic.LinearGradient(0, 0, 0, 1, [{
                            offset: 0,
                            color: 'rgba(51, 86, 161,0.8)'
                        },{
                            offset: 0.8,
                            color: 'rgba(51, 86, 161,0.03)'
                        }])
                    },
                },
                {

                    name:'故障次数',
                    type: 'line',
                    data: [],
                    smooth: true,
                    symbol: "none",    // 拐角为实心,
                    itemStyle:{
                        normal:{
                            // 折线样式
                            lineStyle:{
                                width:2,
                                color:'#e74f4f',
                            },
                        }
                    },
                    areaStyle: {
                        color: new this.$echarts.graphic.LinearGradient(0, 0, 0, 1, [{
                            offset: 0,
                            color: 'rgba(231, 79, 79,0.8)'
                        },{
                            offset: 0.8,
                            color: 'rgba(231, 79, 79,0.03)'
                        }])
                    },
                }
            ],
            grid: {
                left: "3%",
                right: 20,
                bottom: 10,
                top: 24,
                containLabel: true
            },
```

```
    };
    echart.setOption(option)
    window.addEventListener("resize", () => { echart.resize();});
    this.axios('static/json/repairCategory.json').then(res => {
        echart.setOption({
            xAxis:{
                data:res.data.category
            },
            series:[{
                data:res.data.maintenanceNum
            },{
                data:res.data.repairNum
            },{
                data:res.data.failureNum
            }]
        })
    }).catch(err => {
        console.log(err)
    })
```

② 柱形图。柱形图（堆积柱形图，如图 7-12 所示）主要用于显示一段时间内的数据变化或显示各项之间的比较情况。

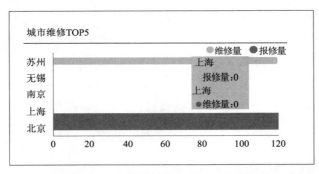

图 7-12　城市维修 TOP5 柱形图

页面代码如下：

```
<!-- 城市维修 TOP5 -->
<div class="item">
<div class="tabItem">
<p class="tabItemTitle">城市维修 TOP5</p>
<div class="tabItemConent">
<div class="echartItem" id="cityFixed"></div>
</div>
</div>
</div>
```

图表及数据获取代码如下：

```
let echart=this.$echarts.init( document.getElementById("cityFixed"));
let option={
```

```
legend: {
    icon: "circle",
    top: 0,
    right: 0,
    textStyle: {
        color: "#fff",
        fontSize: 12
    },
    data: [" 维修量 ", " 报修量 "]
},
grid: {
    left: "3%",
    right: 20,
    bottom: 10,
    top: 20,
    containLabel: true
},
tooltip: {
    show: "true",
    trigger: "axis",
    axisPointer: {
        // 坐标轴指示器，坐标轴触发有效
        type: "shadow" // 默认为直线，可选为 'line' | 'shadow'
    }
},
xAxis: {
    type: "value",
    axisTick: { show: false },
    // x 轴的字体样式
    axisLabel: {
        show: true,
        textStyle: {
            color: "#abfeff",
            fontSize: "14"
        }
    },
    axisLine: {
        show: true,
        lineStyle: {
            color: "#4064b4"
        }
    },
    splitLine: {
        show: false
    }
},
yAxis: [
    {
        type: "category",
        axisTick: { show: false },
        axisLine: {
```

```
                    show: true,
                    lineStyle: {
                        color: "#4064b4"
                    }
                },
                axisLabel: {
                    interval: 0,
                    textStyle: {
                        color: "#abfeff",
                        fontSize: 14
                    }
                },
                data: []
            },
            {
                type: "category",
                axisLine: { show: false },
                axisTick: { show: false },
                axisLabel: { show: false },
                splitArea: { show: false },
                splitLine: { show: false },
                data: []
            }
        ],
        series: [
            {
                name: "报修量",
                type: "bar",
                barWidth:14,
                yAxisIndex: 1,
                itemStyle: {
                    normal: {
                        show: true,
                        color: "#277ace",
                        barBorderRadius: 50,
                        borderWidth: 0,
                        borderColor: "#333"
                    }
                },
                barGap: "0%",
                barCategoryGap: "50%",
                data: []
            },
            {
                name: "维修量",
                type: "bar",
                barWidth:14,
                itemStyle: {
                    normal: {
                        show: true,
                        color: "#5de3e1",
```

```
                barBorderRadius: 0,
                borderWidth: 0,
                borderColor: "#333"
            }
        },
        barGap: "0%",
        barCategoryGap: "50%",
        data: []
    }
    ]
};
echart.setOption(option);
window.addEventListener("resize", () => { echart.resize();});
this.axios('static/json/repairCityTop.json').then(res => {
    echart.setOption({
        yAxis:[{
            data: res.data.city
        },{
            data: res.data.city
        }],
        series:[{
            data:res.data.repairNum
        },{
            data:res.data.maintenanceNum
        }]
    })
})).catch(err => {
    console.log(err)
})
```

③ 饼图。如图 7-13 所示，给出汽车各主要部件故障比例的饼图。饼图系列的图表适合二维的数据集的占比比较。

图 7-13　车辆部件故障比例饼图

页面代码如下：

```
<!-- 故障比例 -->
<div class="item" style=" height: 30%">
<div class="tabItem">
<p class="tabItemTitle"> 故障比例 </p>
<div class="tabItemConent">
```

```
<div class="echartItem" id="fault"></div>
</div>
</div>
</div>
```

图表及数据获取代码：

```
let echart=this.$echarts.init(document.getElementById("fault"));
this.axios('static/json/failureRatio.json').then(res => {
    let data=res.data.data2;
    let total=0; // 总和
    for(let v of data) {
        total+=v.value;
    }
    let option={
    tooltip: {
        trigger: "item",
        show: true
    },
    legend: [
        {
            icon: "circle",
            orient: "vertical",
            top: '20%',
            right: '10%',
            align: "left",
            data: ["电池组", "电机", "发动机", "其他"],
            formatter: name=>{
                for(let i in data) {
                    if(name==data[i].name) {
                        return ( name +" " +((data[i].value / total) * 100).
toFixed(0) +"%");
                    }
                }
            },
            textStyle: {
                fontSize: 14,
                color: "#fff"
            }
        }
    ],
    series: [
        {
            type: "pie",
            radius: ["50%", "70%"],
            center: ["32%", "50%"],
            avoidLabelOverlap: false,
            label: {
                normal: {
                    show: false,
                    textStyle: {
                        color: "#abfeff"
```

```
                    }
                }
            },
            labelLine: {
                show: true,
                length: 20 // 改变标示线的长度
            },
            data: data,
            color: ["#298bfb", "#d45df3", "#fe624b", "#04f7ae"],
            itemStyle: {
                normal: {
                    borderWidth: 4,
                    borderColor: "#0c2458",
                    label: {
                        formatter: data=>{
                            return ((data.value/total) *100).toFixed(0)
+"%" +"\n \n" +data.name);
                        }
                    }
                }
            }
        ]
    };
    echart.setOption(option);
    window.addEventListener("resize", ()=>{ echart.resize();});
}).catch(err=>{
    console.log(err)
})
```

（4）效果修饰

完成一个能够吸引人的数据大屏，还需要为各个组件、标题添加一些边框，以提升细节处的观感。

① 加粗高亮数字。大屏首先让用户通过直接的数字感知总体情况，其次详细查看。

```
<!-- 车辆情况 -->
<div class="item">
<div class="tabItem">
<p class="tabItemTitle"> 车辆情况 </p>
<div class="tabItemConent">
<div class="totalCarNum" style="margin:10px;">
<span> 车辆总数 </span>
<p class="carNum">
<span v-for='(item,index) in vehicleData.totalCar' class="span1"><i>{{item}}</
i></span>
</p>
<span> 辆 </span>
</div>
<div class="echartItem" id="vehicle" style="height: calc(100% - 50px)"></
div>
</div>
```

```
    </div>
    </div>
```

数据获取并处理数据，代码如下：

```
data () {
      return{
         vehicleData: {
             totalCar: [0, 0, 0, 0, 0 , 0],
         },
           ...
}
created(){
   ...
   this.axios('static/json/provincesta.json').then(res => {
       var d=res.data.totalCar;
       var totalCar=d.toString().split('');
       this.vehicleData.totalCar.splice(-totalCar.length);
       this.vehicleData.totalCar=this.vehicleData.totalCar.concat(totalCar);
   }).catch(err => {
       console.log(err)
})
}
```

高亮数字样式，代码如下：

```
/* 车辆情况 */
.totalCarNum {
    display: flex;
    align-items: center;
    padding-left: 30px;
}
.carNum {
    margin: 0 16px;
    display: flex;
}
.span1 {
    display: inline-block;
    width: 30px;
    height: 40px;
    line-height: 40px;
    background: #23459b;
    font-size: 26px;
    text-align: center;
    position: relative;
}
```

② 图片点缀。各个组件的细分标题通过不规则渐变色图片进行点缀，让大屏更真实生动。具体的页面代码如下：

```
<!-- 历史数据 -->
<div class="item">
<div class="tabItem">
<p class="tabItemTitle"> 历史数据 </p>
```

```
<div class="tabItemConent" >
<div class="history">
<div class="historyItem bc1" >
<p class="historyName">最多车辆</p>
<p class="historyData">{{historyData.historyVehiclesMax}}</p>
</div>
<div class="historyItem bc2">
<p class="historyName">总里程数 (km)</p>
<p class="historyData">{{historyData.sumMileage}}</p>
</div>
<div class="historyItem bc3">
<p class="historyName">平均故障率</p>
<p class="historyData">{{historyData.breakdown}}%</p>
</div>
</div>
</div>
</div>
</div>
```

样式代码:

```
/* 历史数据 */
.history {
    padding: 10px 0px 10px 0px;
    width: 80%;
    height: 100%;
    margin: 0 auto;
    display: flex;
    flex-direction: column;
}
.historyItem {
    width: 100%;
    flex: 1;
    margin-bottom: 10px;
    padding-left: 50px;
    color: #fff;
}
.bc1{
    background: url(../assets/images/historyBg1_03.png) no-repeat;
        background-size: 100% 100%;
        box-shadow: 0 4px 4px rgba(126, 117, 253, 0.2),
            5px 5px 5px rgba(126, 117, 253, 0.2),
            -5px 4px 4px rgba(126, 117, 253, 0.2);
}
.bc2{
    background: url(../assets/images/historyBg2_03.png) no-repeat;
        background-size: 100% 100%;
        box-shadow: 0 4px 4px rgba(93, 194, 219, 0.2),
            5px 5px 5px rgba(93, 194, 219, 0.2),
            -5px 4px 4px rgba(93, 194, 219, 0.2);
}
.bc3{
```

```
    background: url(../assets/images/historyBg3_03.png) no-repeat;
        background-size: 100% 100%;
        box-shadow: 0 4px 4px rgba(238, 109, 110, 0.2),
            5px 5px 5px rgba(238, 109, 110, 0.2),
            -5px 4px 4px rgba(238, 109, 110, 0.2);
}
```

③动画。为大屏增加合适的动画效果能够显著提高画面的观感。大屏动画形式上包括背景动画、刷新的加载动画、轮播动画、图表的闪烁动画、地图的流向动画等。如添加实时数据以强化监控效果，让其每隔 1 s 获取一次最新数据并刷新显示，这样故障报修单会实时动态变化。页面代码如下：

```
<!-- 故障报警 -->
<div class="item" style=" height: calc(40% - 60px)">
<div class="tabItem">
<p class="tabItemTitle">故障报警</p>
<div class="tabItemConent">
<div class="echartItem faultWarningItem">
<div class="itemHeader">
<span>车牌号</span>
<span>故障 ID</span>
<span>故障类型</span>
<span>故障等级</span>
</div>
<div class="itemBody">
<div class="bodyItem" v-for='(item,index) in faultWarningData' :key='index'>
<span v-for='(item1,index1) in item.data'>{{item1}}</span>
</div>
</div>
</div>
</div>
</div>
</div>
```

此外，借助轮播效果实现同一个位置滚动播放不同的指标内容，避免平铺展开所有指标把大屏界面挤满。

```
let itemBody=document.getElementsByClassName('itemBody')[0];
let i=36
let itemTimer=setInterval(()=>{
i--
 itemBody.style.top=i+'px'
  if(i==0){
      i=36
  }
},80)
```

至此，最终实现大屏效果。

### 4. 同步训练

① 参考图 7-7，实现"车辆销售"主题可视化大屏。

② 围绕"车队管理"服务，设计制作一个可视化数据大屏，具体要求如下：

● 页面中应与新能源汽车系统的整体风格统一，包括导航、查询和数据呈现三大部分。

● 参考图 7-14，其他内容可以自行设计。

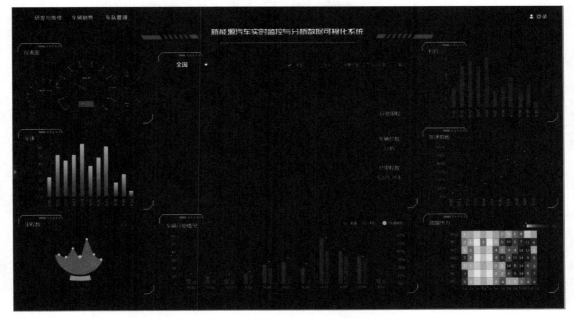

图 7-14　车队管理可视化大屏

## 单元小结

本单元以研发与维护大屏的制作为项目任务，首先通过知识要点介绍了 Web 数据大屏的设计步骤、原则、布局；接下来，通过 3 个子任务分别详细阐述建立数据分析的维度、实现大屏布局以及数据大屏的编码实现。每个子任务配备同步训练，让学生将所学知识及时加以巩固。

## 课后练习

简答题

1. 简述 Web 数据大屏布局的确立过程。

2. 结合本章 Web 数据大屏的设计与实现过程，简述大屏的主要制作步骤。

3. 分析可视化大屏作品的布局、配色等，提出自己的见解和感悟。

# 参 考 文 献

[1] 何福男，密海英. 网站设计与网页制作立体化项目教程 [M]. 3 版. 北京：电子工业出版社，2018.

[2] 罗颖，伊雯雯，汤晓燕，等. Java Web 云应用开发项目式教程 [M]. 北京：高等教育出版社，2018.

[3] 托马斯. JavaScript 数据可视化编程 [M]. 翟东方，张超，刘畅，译. 北京：人民邮电出版社，2017.

[4] 刘博文. 深入浅出 Vue.js[M]. 北京：人民邮电出版社，2019.

[5] 张帆. Vue.js 项目开发实战 [M]. 北京：机械工业出版社，2019.

[6] 陈陆扬. Vue.js 前端开发快速入门与专业应用 [M]. 北京：人民邮电出版社，2017.

[7] 吕之华. 精通 D3.js：交互式数据可视化编程 [M]. 北京：电子工业出版社，2015.

[8] 邱南森. 数据之美：一本书学会可视化设计 [M]. 北京：中国人民大学出版社，2014.

[9] 邱南森. 鲜活的数据：数据可视化指南 [M]. 向怡宁，译. 北京：人民邮电出版社，2012.

[10] MURAAY S. Interactive data visualization for the Web[M]. 2nd ed. Sebastopol: O'Reilly, 2018.